U0581138

普通高等学校旅游管理教材

饭店工程管理

冯汝明　主编

清 华 大 学 出 版 社
北京交通大学出版社
·北京·

内 容 简 介

　　本书内容涉及了饭店工程管理的各方面业务，具体包括饭店工程管理前期工作、现代饭店工程项目的规划和定位、饭店工程项目合同管理、饭店工程项目评估及投资测算、饭店工程项目组织的建立和管理、饭店设备的基本配置、饭店工程运行管理、饭店工程运行管理概述、饭店工程的综合管理等内容。

　　本书可以作为高等院校饭店管理专业教材，还可以作为房地产企业进行商业地产开发的参考性教材，以及从事饭店建设项目经理人员的培训教材。

本书封面贴有清华大学出版社防伪标签，无标签者不得销售。

版权所有，侵权必究。侵权举报电话：010 - 62782989　13501256678　13801310933

图书在版编目（CIP）数据

　饭店工程管理/冯汝明主编. —北京：清华大学出版社；北京交通大学出版社，2011.2（2017.8重印）

　（普通高等学校旅游管理教材）

　ISBN 978 - 7 - 5121 - 0470 - 9

　Ⅰ. ① 饭⋯　Ⅱ. ① 冯⋯　Ⅲ. ① 饭店-建筑工程-施工管理-高等学校-教材　Ⅳ. ① TU71

　中国版本图书馆 CIP 数据核字（2011）第 011567 号

责任编辑：吴嫦娥　　特邀编辑：林欣
出版发行：清华大学出版社　邮编：100084　电话：010 - 62776969　http：//www. tup. com. cn
　　　　　北京交通大学出版社　邮编：100044　电话：010 - 51686414　http：//press. bjtu. edu. cn
印 刷 者：北京交大印刷厂
经　　销：全国新华书店
开　　本：185×230　　印张：15.5　　字数：348 千字
版　　次：2011 年 3 月第 1 版　　2017 年 8 月第 2 次印刷
书　　号：ISBN 978 - 7 - 5121 - 0470 - 9/TU · 63
印　　数：4 001～5 500 册　　定价：28.00 元

本书如有质量问题，请向北京交通大学出版社质监组反映。对您的意见和批评，我们表示欢迎和感谢。
投诉电话：010 - 51686043，51686008；传真：010 - 62225406；E-mail：press@bjtu. edu. cn。

前　言

　　饭店工程管理是饭店管理的重要内容，它不仅决定了饭店服务水平的好坏，更决定了饭店经济效益的高低。有数据表明，饭店工程管理为饭店经济效益提供了三分之一以上的给力，已经成为饭店能否盈利的决定性因素。随着国际能源费用的大幅全面上升，饭店的能耗已经成为现代饭店工程管理的重要内容。因此，从国际饭店管理大环境看，饭店工程管理已经越来越受到重视，甚至在国际饭店业有这样一句话："饭店总经理必须和饭店工程部经理是朋友。"这句话从某一方面说明了饭店工程管理的重要性已经得到了广泛的重视。

　　我国学术界对饭店管理研究要比国际上晚了相当长的时间，在 20 世纪 80 年代以前，现代饭店管理在我国就是一片空白。实际上，国内对饭店管理的研究是与我国现代饭店发展时间同步的，甚至还要晚一些。而更为严重的是，在以往的饭店管理研究中，饭店工程管理始终是薄弱环节，专门研究饭店工程管理的书籍相当少，从事饭店工程管理研究的人员也很少。我国从事饭店工程管理的人员，大多都是由工业企业设备管理人员转行而来的。在 20 世纪 80 年代末，国家和企业选派了一部分工程人员到国外饭店学习，回国即成为国内饭店工程管理的中坚。但是，国内外饭店工程管理的差异是非常大的，特别是在饭店工程前期管理方面，可以说是完全不同的概念，这是由国内外不同的市场环境和饭店发展的不同阶段决定的。因此，国内饭店不能完全照搬国外工程管理的内容，要根据我国饭店发展的实际情况，进行有针对性的研究，特别是对于饭店工程的前期管理环节，更是要根据我国特有的市场环境条件进行有针对性的研究。本书对于这些进行了探索性的讨论。

　　本书具有以下特点。首先是内容全面、系统性强，涵盖了饭店工程从前期规划到中期运行管理的各个阶段的管理内容。包括饭店工程项目前期管理、现代饭店建设的规划和定位、饭店工程的合同管理、饭店工程项目评估及投资测算、饭店工程组织管理、饭店工程设备、饭店工程能源管理、饭店工程设备运行管理、饭店工程设备维修管理等全面内容。其次，实操性强。从行业实战出发，以饭店工程管理的实际操作流程为主线，有鲜明的实际操作性和时代特色，反映了现代饭店工程管理的最新理念和方法。

　　本书的编写符合旅游饭店投资企业、饭店管理和饭店工程管理人才的培养目标、培养模式和培养方法的需要，具有很强的实用性。本书可作为高等院校饭店管理专业教材，还可以作为房地产企业进行商业地产开发的参考性教材，以及从事饭店建设项目经理人员的培训教材。

在本书的编写过程中，得到了天津财经大学王天佑教授的大力支持，以及其他企业和饭店经理人员的帮助，在此表示深深的感谢。

编 者
2011. 1

目　录

第一篇　饭店工程前期管理

Ⅰ

第二篇　饭店工程运行管理

V

第一篇
饭店工程前期管理

第1章
饭店工程管理前期工作

饭店工程管理的前期工作主要是饭店工程项目的管理，是从酝酿、构思、策划开始，进而进行可行性研究、论证决策、计划立项、规划审批、设计及招投标和施工，直至竣工验收进入试营业的全部工程管理工作。这一阶段的工作决定着饭店工程建设项目的成败，是饭店工程建设项目成功与否的关键。因此，对于这一阶段的管理必须高度重视，慎重地进行反复论证，以免将来在运行中出现问题。

1.1 饭店工程项目的建设周期和建设程序

1.1.1 饭店工程项目建设周期

饭店工程项目建设周期是从饭店工程项目的提出、项目建议书开始，到整个饭店工程项目建成竣工验收，饭店进入试营业为止所经历的时间。

饭店工程项目建设周期通常分为前期工作阶段、项目设计阶段、项目施工准备阶段、项目施工安装阶段和竣工交付使用阶段。这些阶段是基于各阶段的工作内容、性质和作用不同而划分的，但各个阶段相互之间又有承前启后、相互制约的关系。

1.1.2 饭店工程项目建设程序

饭店工程项目建设程序是指饭店工程项目从酝酿提出到建成投入使用的全过程中，各阶段建设活动的先后顺序和相互关系，是饭店工程项目建设活动的客观规律，包括自然规律和经济规律。同时，饭店工程项目建设程序也是饭店工程建设项目实施过程中的技术和管理活动的表现，要求在饭店工程建设项目的实施过程中，主观建设意图要顺应客观规律的要求。这种客观规律不仅是建设技术层面的要求，更重要的是市场、经济等客观规律的要求。否则，就会由于违背客观规律而遭到挫折和惩罚，造成巨大损失甚至项目失败。

在我国，饭店工程项目建设程序一般分为 6 个阶段，如图 1-1-1 所示。饭店工程项目也遵循这一建设程序。

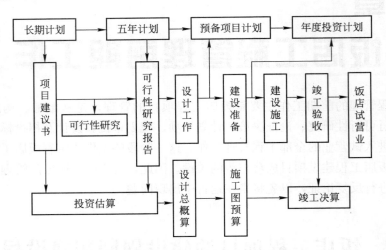

图 1-1-1 饭店工程项目建设程序图

1. 饭店工程项目建议书阶段

饭店工程项目建议书是饭店投资人向国家提出要求建设饭店项目的建议文件，是对饭店工程项目的轮廓设想，主要从拟建饭店项目的必要性和大方面的可能性加以考虑。建议书要求在客观上阐明饭店建设符合国民经济长远规划，符合行业和地区的规划要求。

2. 饭店工程项目可行性研究阶段

饭店工程项目建议书批准后要进行可行性研究。可行性研究是对饭店工程建设项目在技术上和经济上（包括宏观经济和微观经济）是否可行进行科学分析和论证，是技术经济的深入论证阶段，为饭店工程项目决策提供依据。

饭店工程项目可行性研究的主要任务是通过多方案比选，提出评价意见，推荐最佳方案。可行性研究的内容主要概括为市场研究、技术研究和经济研究 3 个方面。可行性研究报告包括以下内容。

① 饭店工程项目兴建的理由与目标。

② 饭店工程项目市场分析与预测。

③ 饭店工程项目资源条件评价。

④ 饭店工程项目建设规模与产品方案。

⑤ 饭店工程项目的选址。

⑥ 饭店工程项目的工程方案。

⑦ 饭店工程项目的能源。

⑧ 饭店工程项目的环境影响评价。

⑨ 饭店工程项目的组织机构与人力资源配置。

⑩ 饭店工程项目实施进度。

⑪ 饭店工程项目投资估算。

⑫ 饭店工程项目融资方案。

⑬ 饭店工程项目财务评价。

⑭ 饭店工程项目社会评价。

⑮ 饭店工程项目风险分析。

⑯ 研究结论与建议。

饭店工程项目可行性研究报告被批准后，作为饭店工程项目初步设计的依据。只有可行性研究报告被批准，饭店工程项目才算正式立项。

3. 饭店工程项目设计工作阶段

饭店工程项目的设计一般分为两个阶段，即初步设计阶段和施工图设计阶段。如果技术上很复杂，还要在初步设计的基础上进行扩大初步设计，简称"扩初设计"。

1）初步设计阶段

饭店工程项目的初步设计是根据可行性研究报告的要求所做的具体实施方案，目的是阐明所建饭店在指定的时间、地点和投资数额内，在技术上的可能性和经济上的合理性。根据饭店工程项目的基本技术经济规定，编制项目总概算。

初步设计不得随意改变被批准后的可行性研究报告所确定的建设规模、工程标准、建设地址和总投资等控制目标。如果初步设计提出的总概算超过饭店工程项目可行性研究报告总投资的10%以上或其他主要指标需要变革，应说明原因和计算依据，并报原可行性研究报告批准单位同意。

2）扩初设计

饭店工程项目的扩初设计是在初步设计的基础上，进一步进行深化，解决初步设计中的重大技术问题。其主要包括结构方案、设备选择及数量等内容，以使饭店工程建设项目设计更具体，技术指标更清楚。如果饭店投资人急于开工建设，则可以以扩初设计资料为基础，适当补充需要的内容，即可达到进行招标工作的要求。

3）施工图设计

饭店工程项目施工图设计是在初步设计（扩初设计）的基础上，设计具体的施工工艺流程、建筑结构、精确设备选型和数量，以达到可以按图施工的标准。

4. 饭店工程项目建设准备阶段

饭店工程项目建设准备阶段的主要工作内容如下。

① 完成土地征地手续。主要工作是通过招、拍、挂程序，完成征地；与政府土地整理部门签署土地协议，并完成拆迁和场地平整；获得国家土地规划部门颁发的《建设用地规划许可证》。

② 完成规划批准手续，获得规划部门颁发的《建设工程规划许可证》。

③ 办理消防审批、人防审批手续，进行节能备案。

④ 完成施工用水、电、路等工程，即俗称的"三通"。

⑤ 进行施工图设计招标，并完成施工图设计。

⑥ 完成设计合同备案。

⑦ 完成施工图审查。

⑧ 完成总包施工队伍招标、监理招标、材料招标等工作。

⑨ 完成施工合同备案。

⑩ 完成施工质量备案。

⑪ 完成文明及安全施工备案。

⑫ 获得开工证明。

⑬ 组织设计和施工单位进行施工前设计交底。

⑭ 规划放线。

5. 饭店工程项目建设施工阶段

获得项目开工证以后，饭店工程项目就可以组织进行开工建设了。新开工建设的饭店工程项目，开工建设的时间是指建设项目计划文件中规定的任何一项永久性工程第一次破土开槽的日期，不需要开槽的，开始打桩日期就是开工日期。分期建设的饭店工程项目，分别按照各期工程开工的日期计算。饭店改造项目开工日期，以开始破拆的时间计算开工日期。

饭店工程项目施工活动应按照设计要求、合同条款、投资预算、施工程序和顺序、施工组织设计，在保证质量、工期和成本计划等目标前提下进行，达到竣工标准要求后，经过验收合格，饭店投资人予以接收。

饭店工程项目施工阶段要进行充分的生产准备，这是饭店工程项目建设方的一项重要工作。建设单位应组成专门的班子或机构对饭店工程项目的建设进行全面管理。总体包括以下工作。

① 组建管理机构，制定管理制度和有关规定。

② 强化施工过程中的"三控两管"工作。

③ 招收并培训将来饭店的工程运行人员，并组织有关人员参与设备的安装、调试

和工程验收工作。

④ 签订原料、材料、协作产品、燃料、能源等供应和运输协议。

⑤ 进行设备及备品备件的订货。

⑥ 与有关部门协调关系，做好开业前的准备工作。例如，道路开口、市容景观等。

6. 饭店工程项目竣工验收阶段

当饭店工程建设项目按照设计文件规定内容全部施工完成以后，应该组织进行验收。竣工验收是饭店工程项目建设全过程的最后一道程序，是投资成果转入使用的标志。饭店工程项目竣工验收要由建设单位、设计单位、施工单位、监理单位、国家质量监督单位共同参与完成。

1.1.3 饭店工程建设项目内部工程系统的划分

饭店工程建设项目内部工程系统一般由单项工程、单位工程、分部工程和分项工程构成。

1. 单项工程

单项工程一般是指具有独立设计文件的，建成后可以单独发挥使用能力及产生效益的一组配套齐全的工程项目。从施工角度，单项工程就是一个独立的交工系统。在建设项目总体施工部署和管理目标指导下，每个单项工程都形成自己的管理目标和方案，按照各自的投资目标如期开工建设和交付使用。饭店工程项目的建设可以一次性完成，也可以分期完成。因此，饭店工程项目建设可能是一个单项工程，也可能是由几个独立的单项工程共同构成。对于有多个单项工程的饭店工程项目，饭店可以把几个单项工程总包给一家施工单位，也可以将每个独立的单项工程发包给不同的施工单位，但是每个单项工程必须是施工总承包。

单项工程的施工条件往往具有相对独立性，因此一般单独组织施工和竣工验收。

2. 单位工程

单位工程是单项工程的组成部分。一般情况下，单位工程是指一个单体的建筑物或构筑物，如饭店由几幢大楼组成，每幢大楼都可以构成一个单位工程。又如，饭店建设除了建筑物工程外，还要包括道路、外部环境、水、电、动力中心等工程，则这些工程施工也可以称为单位工程。

一个单位工程往往不能单独形成生产能力或获得效益，只有在几个单位工程共同配合使用的情况下，才能提供整体的使用能力，即共同构成一个单项工程。

3. 分部工程

分部工程是建筑物按单位工程部位划分的组成部分，亦即单位工程的进一步分解。饭店工程项目的建筑工程可划分为土方工程、地基与基础工程、主体工程、地面与楼面工程、屋面工程、装修工程6个部分。同时，还包括安装工程分部工程，主要有建筑电气工程、空调及通风工程、消防报警工程、消防水系统工程、弱电工程（包括电话、电视、监控等）、计算机智能化系统工程、电梯安装工程等。

4. 分项工程

分项工程一般按照工种划分，也是形成饭店工程项目建筑基本部分构件的施工过程，如钢筋工程、模板工程、脚手架工程、混凝土浇铸工程、砌筑工程、木工工程等。分项工程是建筑施工的基础，也是计算工程用工、用料和机械台班消耗的基本单元，是工程质量形成的直接过程。分项工程既具有作业的独立性，又相互关联、相互制约。例如，模板工程是独立的，但它是混凝土浇铸工程的前提，等等。

1.2 饭店工程项目策划

1.2.1 饭店工程项目策划的内容和依据

饭店工程项目策划包括总体策划和局部策划。总体策划是指饭店工程项目前期立项时所进行的全面策划；局部策划是指将全面策划分解后某个单项性的策划，如客房的策划、餐饮的策划等。局部策划可以在前期进行，也可以在项目实施过程中进行。但对于饭店工程项目来说，前期进行细致全面的局部策划是非常必要的。

1. 饭店项目构思

1）经济环境

饭店项目的提出，一般要考虑以下两方面的经济环境。

① 国家的总体经济发展计划侧重对于行业的扬或抑的政策。例如，国家对旅游业的政策，以及对商业地产的政策等，有关大的整体宏观环境。

② 拟建设饭店地区的整体经济发展水平和市场需求，以及当地经济规划的要求，即局部的微观经济环境。

2）构思的内容

饭店工程项目构思主要包括以下内容。

① 饭店工程项目定义，即描述项目性质、用途和基本内容。

② 饭店工程项目定位，即描述项目的建设规模、档次，建成后在当地的地位、作用和影响力，并进行项目定位的依据和可能性的讨论。

③ 饭店工程项目系统构成，主要描述饭店的总体功能、各单位工程的构成、内部系统和外部的协调、配套思路和能源政策等。

④ 其他与饭店工程项目有关的环节。

2. 饭店工程项目实施策划

饭店工程项目实施策划主要是指项目管理和项目目标控制策划，旨在把项目构思具体化，变成可实际操作的行动方案。

1）饭店工程项目的组织策划

饭店工程项目一般要求实行项目法人责任制，也即投资人最好为饭店项目成立独立的法人投资机构。其好处是饭店工程项目与投资人的其他项目分开，这样既可以做到项目实施的专业化，同时也便于将饭店项目与其他项目的责任分开，实现管理的科学化和专业化。项目法人是负责立项、融资、报建、实施、运营、还贷的责任主体，如前所述，应该按照股份制公司或有限责任公司模式组建管理机构和人事安排。这不仅是项目总体构思策划的重要内容，也是项目实施过程的重要实施策划内容。

2）饭店工程项目融资策划

资金是实施项目的物质基础。饭店工程项目的投资非常大，以五星级饭店为例，国际上五星级饭店的投资成本每间客房在 15 万～25 万美元。因此，饭店工程项目建设资金基本上都需要有融资支持，很少有投资人完全以自有资金进行饭店建设的。因此，饭店工程项目资金的筹措和运用对项目成败关系重大。由于现在资本市场融资渠道众多，其特点和费用及风险也各不相同，因此，融资方案的策划是控制资金成本，进而控制项目投资，降低项目风险所不可忽视的环节。

饭店工程项目融资具有很强的政策性、技巧性和谋略性。饭店工程项目的融资肯定与工业和住宅地产的开发不一样，因此必须进行融资策划才能找到最佳的融资方案。

3）饭店工程项目目标策划

工程项目管理学指出，建设工程必须有明确的使用目的和要求，明确的建设任务量和时间界限，明确的项目系统构成和组织关系，才能作为项目管理对象。也即投资目标、进度目标和质量目标是项目管理的前提。

饭店工程项目投资人的主观追求都是"投资省、质量高、周期短"，但这三者之间是矛盾的，要做到三者的完全一致是不可能的。因此，只能在饭店工程项目系统构成和定位策划过程中做到项目投资和质量的协调平衡，即在一定投资额度内，通过策划寻求达到满足使用功能要求的最佳质量规格和档次。然后，再通过项目实施策划，寻求节省项目投资和缩短项目建设周期的途径和措施，从而确定三大投资目标的总体优化。

饭店工程项目目标策划包括项目总目标（总投资、建设质量、总进度）体系设定和总目标按不同项目阶段、单项单位工程，以及分部、分项工程等分解的子目标体系设定。

4）饭店工程项目管理策划

饭店工程项目管理策划是对项目实施的任务分解和任务组织工作策划，包括设计、施工、采购任务的招投标，合同结构，项目管理机构设置、工作程序、制度及运行机制，管理组织协调，管理信息收集、加工处理和应用等的策划。项目管理策划要依据项目的复杂程度，分层次、分阶段展开，从总体的轮廓性、概略性策划，到局部实施性详细策划逐步深化。

饭店工程项目管理策划着力于提出行动方案和管理界面设计。行动方案就是5W1H，即要解决做什么（What）、为什么做（Why）、何时做（When）、何地做（Where）、谁去做（Who）、如何做（How）。管理界面设计是对不同功能的子系统之间的衔接面或对各子系统内部不同性质活动过程相互联系所提出的规范性要求。前者一般称为动态界面，即前一子系统为后一子系统提供先期工作成果和信息，创造工作条件。前子系统的变化必然引起后面子系统的变化，如饭店设计和施工就是两个衔接的子系统，前者为后者提供施工依据，设计的变化必然引起施工质量、工期和成本的变化。同时，设计子系统还是将来饭店项目运行好坏的先期条件。因此，饭店工程项目建设最忌讳大量的设计变更和设计失误，这会对施工和运营带来非常大的影响。目前，我国许多新建饭店一进入运营，就立即开始改造，即是这种情况的表现。

静态界面也是不容忽视的管理节点，它反映各子系统内部的活动职能分工和界定，如设计中不同专业设计之间的关系、施工过程中不同专业施工的关系等。一般情况下，当静态界面出现前后关联关系时就转化为动态界面，因此，动态界面是寓于静态界面中的。

5）饭店工程项目控制策划

控制是对项目实施系统和项目全过程的控制。饭店工程项目控制的方向是项目的目标，其方法是通过实际值与目标值的不断比较发现其中的偏差，对偏差进行相应的调整，以最合理的项目过程达到项目目标。饭店工程项目控制的基本原则是目标控制，基本方法是动态控制。

饭店工程项目建设非常复杂，目标控制必须是非常健全的反馈机制的闭环控制。因此，饭店必须建有完整的反馈控制系统。饭店工程项目控制一般有以下基本步骤。

（1）建立饭店工程项目控制子系统

控制系统应有完整的信息反馈渠道和完整有效的控制手段。

（2）建立控制子系统信息库

通过饭店工程项目系统分析，将饭店工程项目目标、项目构成、项目过程、项目环境等方面的信息收集、分类、处理。信息中包括项目目标的有关数据、项目实施系统机制的各种参数和工作程序、项目静态界面和主要目标、项目环境因素的主要指标和变化范围等。这些信息是系统控制的原始信息和系统控制启动的依据和基础。

（3）实施系统控制

随着饭店工程项目的实施，按照程序依次启动各子系统并调整到预先设定的均衡状态。同时，不断收集和反馈信息，对原始信息进行充实和调整，对各子系统出现的偏差进行调整，使其达到设定状态。

（4）调整控制状态

如果由于各种原因造成实际系统状态与原设定状态出现大的偏差且不能恢复到原定状态，要根据反馈信息对信息库中的已有信息进行局部或全面调整，设定新的系统状态，建立新状态下的系统机制，并使系统尽快达到这种新的均衡。但要尽量避免变动系统目标值，否则将引起系统状态多方面的变化。

饭店工程项目策划内容如图 1-1-2 所示。

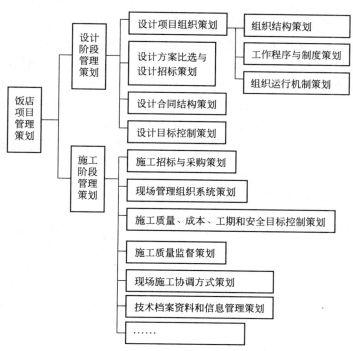

图 1-1-2　饭店工程项目策划内容示意图

举例来说，当立项建设一座300间客房的商务五星级饭店后，根据地区经济环境确定了设计图纸、开竣工时间和开业时间，并依据300间客房的商务五星级饭店标准建立了项目设备、功能、流程、建设质量、装修、人员配备服务标准及规程等各种标准数据库。但根据市场情况，可能由于各种原因造成工期变化，则可以进行相应的开竣工时间调整，同时，通过事故方案调整等手段尽量不调整开业时间（因为开业时间是根据当地市场淡旺季决定的，是经营大目标的具体保证）。但如果市场条件变化造成饭店规模、等级或类型发生了变化，那就不可避免地要重新制订新的饭店方案，这就会使整体项目的目标都发生变化，这是要尽量避免的。而避免出现这种情况的唯一手段就是在前期策划时不能为赶某个时间而匆匆忙忙，必须全面考虑策划清楚后再开始立项建设。

因此，在饭店工程项目实施系统控制时，要注意一条基本原则：控制是在各子系统健全、自我均衡基础上的机能协调，而不是取代某种机能。因此，饭店工程项目系统控制的核心是协调，是对系统中各静态界面或动态界面状态的调整，而不是推翻或重建新的系统。

1.2.2 饭店工程项目策划过程

饭店工程项目策划是饭店工程项目实施的关键步骤，关系到饭店工程项目的成败，因此应该给予极大的重视，投入足够的人力和物力。长久以来，我国的饭店建设由于发展比较晚（20世纪70年代末才开始发展），市场需求旺盛（当时改革开放刚开始，大批境外客人涌入），造成无论建成什么样的饭店都有很好的回报。因此，我国的饭店项目一直都是强调建设的速度、开业的时间，而对于饭店的策划大多走过场，只是为立项而走形式。现在虽然市场竞争越来越激烈，但由于已经习惯于重建设、轻策划的模式，因此我国的饭店建设大多还对策划不够重视。并且，由于我国的现代饭店发展历史很短，因此，也十分缺乏饭店策划的专业人才，使得我国的饭店项目建设策划一直处于低水平状态。

1. 饭店工程项目管理层和工作内容

饭店工程项目策划分为决策领导层和项目实施层。饭店工程在进行项目策划时，应有一个项目顾问班子，成员包括市场策划专家、营销专家、餐饮专家、装修专家、项目管理专家等，与饭店自己的项目策划人员共同组成饭店项目实施系统的技术管理层。对于饭店工程项目的专家顾问，饭店可以专门聘请有关专家，也可以委托专业的顾问策划公司。同时，作为项目管理班子，饭店还要有中间管理层，负责协调技术核心和其他层次的关系。

按照项目界面管理的观点，中间管理层是饭店工程项目管理的重心，也是饭店工程项目策划的重点。项目管理层次及主要工作内容如图 1-1-3 所示。

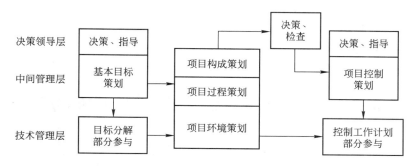

图 1-1-3　饭店工程项目管理层次及项目策划主要工作内容

① 在饭店工程项目初步设想的基础上进行项目的基本目标策划。其工作主要由中间管理层承担，决策领导层可能参与部分策划工作，但主要工作是决策、指导。但决策领导层的意见往往左右饭店工程项目的根本方向。

② 在饭店工程项目基本目标策划的基础上，对项目构成、过程、环境进行分析和策划，策划成果将作为饭店工程项目实施工作的纲领性文件。饭店工程项目决策领导层不参与这一部分的工作，但对重要文件进行认可，对关键节点进行确认。

③ 在上述工作的基础上，对饭店工程项目总体控制方案进行策划。其中的部分工作需要饭店工程项目决策领导层参与，并对有关问题进行决策和指导。

④ 随着饭店工程项目决策工作的展开和深入，在有关工作的基础上进行详细的目标分解和控制工作计划等的策划。其主要工作仍然由中间管理层承担，但需要技术管理层参与其中的部分工作，因为此时涉及许多技术细节问题。

饭店工程项目策划要在上述步骤的基础上，不断地反复循环。同时，许多分项策划也要互相交叉、互相参照、互相协调，共同协调统一成一个大的策划。例如，在进行餐饮策划时，必然要考虑总的市场环境，与装修策划、营销策划统一考虑，互相参照，通过不同子项目的不断融合，才能共同构成饭店总的整体策划。

2.《饭店项目策划纲要》内容

一般情况下，饭店工程项目在进行全面的初步规划基础上，要提出项目实施的全面策划文件——《饭店项目策划纲要》。《饭店项目策划纲要》是投资人对饭店工程项目实施工作进行全面考虑和安排的主要依据，主要包括以下内容：

① 饭店工程项目基本资料；

② 饭店工程项目总体构想；

③ 饭店工程项目规划方案；

④ 饭店工程项目投资方案；

⑤ 饭店工程项目总体进度方案；
⑥ 饭店工程项目建设管理模式方案；
⑦ 饭店工程项目融资方案；
⑧ 饭店工程项目运行管理方案。

1.3 饭店工程项目的可行性研究

1.3.1 饭店工程项目可行性研究的作用

饭店工程项目的可行性研究是在投资决策前，对项目有关的社会、经济和技术等方面的情况进行深入细致的调查研究；对各种可能的建设方案和技术方案进行认真的技术经济分析与比较论证；对项目建成后的经济效益进行科学的预测和评价。在此基础上，综合研究饭店工程项目的技术先进性、经济合理性、建设的可能性，并确定项目是否投资和如何投资，为投资人决策提供科学的依据。

饭店工程项目可行性研究主要有以下作用。

① 饭店工程项目向银行贷款的依据。银行在接受饭店工程项目贷款申请时，要求建设方出具项目的可行性研究报告。在对项目进行分析和评估，确定项目具有偿债能力后，才确定放贷。

② 饭店投资决策和编制设计任务书的依据。饭店投资决策人主要根据可行性研究的评价结果确定是否投资饭店工程项目和如何投资。因此，可行性研究是投资的主要依据。可行性研究中具体的技术经济数据，都要在设计任务书中明确规定，是编制设计任务书的依据。

③ 饭店工程项目商谈合同、签订协议的依据。

④ 饭店工程项目前期工作的依据。饭店工程项目前期的土地选址、设计、规划、设备采购、工程建设、工期控制等都要依据可行性研究报告来开展。

⑤ 环境保护部门审批饭店工程项目环境报告的依据。

⑥ 地方政府批准饭店工程项目规划设计的依据。

1.3.2 饭店工程项目可行性研究的内容

饭店工程项目可行性研究一般分为投资机会研究、初步可行性研究、技术经济可行性研究、项目评估和决策 4 个阶段。

1. 投资机会研究阶段的工作

投资机会研究阶段的工作主要是编制项目建议书。项目建议书是初步选择饭店工程投资项目的依据，主要是根据国家对于旅游和饭店发展的经济政策、我国旅游业的发展现状及趋势、我国在国际旅游市场中的地位等宏观市场情况，以及当地的旅游、商业、经济、政治等区域投资环境，同时细致地考虑当地饭店业现状、现状旅游资源和潜在客源等情况，提出饭店工程项目的大致设想，分析饭店建设的必要性和可能性。

饭店工程项目建议书一般包括以下内容：
① 饭店工程项目建设的必要性和依据；
② 饭店工程项目拟建规模和选址的初步设想；
③ 饭店工程项目投资估算和资金筹措设想；
④ 饭店工程项目进度安排；
⑤ 饭店工程项目初步市场分析；
⑥ 饭店工程项目初步经济分析。

2. 初步可行性研究阶段的工作

在项目建议书得到投资人批准后，饭店工程项目可以进入初步可行性研究阶段。初步可行性研究是介于机会研究和详细可行性研究的中间阶段，其目的是对饭店工程项目进行专题辅助研究。在此阶段要出具多个可选择建设方案，进行广泛分析，然后由专家等进行方案筛选，鉴定饭店工程项目的选择依据和标准，确定饭店工程项目的初步可行性。通过初步可行性研究，判定饭店工程项目有没有必要继续进行下一步的详细技术经济可行性研究。

3. 技术经济可行性研究阶段的工作

技术经济可行性研究为饭店工程项目的决策提供技术、经济、社会和商业等方面的评价，是饭店工程项目投资决策的基础。本阶段工作的重点是对饭店工程项目进行深入细致的技术经济论证，对饭店工程项目进行财务和经济效益分析评价，经过多方案比较选择提出最佳方案，确定饭店投资的可行性选择最终依据标准。

本阶段要求编制饭店工程项目的可行性研究报告。

可行性研究报告的编制，饭店投资人可以自己组织班子编纂，也可以选择一家专业咨询机构完成。在进行可行性研究报告的编制中一定要注意，应本着实事求是的原则，不能为上项目而凑数据。笔者曾经亲历一个饭店建设项目，当时为了能满足当地政府立项批准要求的 5 年收回投资的标准，不惜倒推数字，最后可行性报告中的年平均客房率居然达到了 97%。业内人士可以看出，这在实际运行中是不可能的，即使是客源能满足要求，设备也满足不了这个要求。最后，该饭店项目如愿上马建设，但到现在已经

15 年了，仍然没能收回投资，饭店一直负债经营，苦不堪言，濒于倒闭。

饭店工程项目可行性研究工作可分为以下 5 个步骤。

1）筹划准备

在项目建议书批准后，饭店工程项目投资人应开始委托专业咨询单位对拟建饭店项目进行可行性研究。双方签订合同协议，要明确规定可行性研究的工作范围、目标意图、前提条件、进度要求、费用支付方式、协作方式等。饭店投资人需要向受委托单位提供项目建议书、有关饭店工程项目的背景文件、饭店工程项目要达到的目标，以及相关意见和要求等。饭店工程项目投资人可以另行委托市场调研单位进行市场调研，收集与饭店建设项目有关的基础资料、基本参数等基准数据，也可以一并委托可行性研究单位进行市场调研。如果另行委托市场调研单位，必须将市场调研成果交给可行性研究单位。

2）调查研究

调查研究包括市场调查和资源调查。市场调查是饭店工程项目的重要调查内容，主要包括现在的市场情况、社会对饭店产品的需求量与预测、社会对不同的饭店产品的需求量与预测等。资源调查的主要调查内容如下。

（1）交通情况

这主要是选址地域的可进入性和交通流量及交通方式分析。

（2）能源情况

这主要是供电情况、有无燃气、自来水情况、排水管道。

（3）周边环境情况

这主要是看周边有无影响安全的设施，如加油站、加气站等，以及周边有无对客源及建设有影响的公共设施，如清真寺、教堂、寺庙、医院、市场和需要保护的国家及地方文物设施等。

（4）选址区域的地质情况

主要是获得拟建饭店地址的原有地质情况，了解是否是老的河道、河滩、坟地；有无人防工事、废井、地下电缆、地下水利设施等。

（5）其他需要调查的情况

3）方案选择与优化

对可供选择的建设方案进行分析比较，选择最佳方案，论证技术上的可行性，确定饭店的类型、规模、等级、项目组织机构及人员配置方案等建设方案。

4）财务分析和经济评价

对所选定的建设方案进行财务预测、财务效益分析，确定基准收益率。从饭店工程项目的总投资、总成本费用、销售利润、税费等入手，进行项目盈利能力分析、偿债能力分析、费用效益能力分析、敏感度分析、盈亏平衡分析、风险分析，论证饭店工程项目在经济上的合理性和盈利性。

5）编制可行性研究报告

在对饭店工程项目进行技术经济分析论证后，证明饭店建设的必要性、经济上的合理性，从而编制可行性研究报告。要推荐一个以上的饭店建设可行性方案和实施计划，提出结论性意见和重大措施建议，以供投资人决策。

饭店工程项目可行性研究报告应有编制单位的行政、技术、经济负责人的签字，并对其报告的质量负责。

4. 饭店工程项目评估和决策阶段的工作

饭店工程项目评估工作要由投资人委托专业的饭店建设咨询机构或是聘请一个专家组来完成。由于饭店工程项目专业性非常强，而大多数投资人自身不是搞饭店工程的，因此，如果仅凭饭店投资人自己的经验和能力是不能胜任饭店工程项目的评估和决策工作的。在实际工作中，许多饭店投资人总是犯以下的错误：一是自认为是业内人士，从事饭店经营多年，自认为对饭店很熟悉，于是自己凭经验确定和决策；二是用自己的项目班子进行评估然后决策。这两种情况在我国饭店建设项目评估和决策中经常出现，究其原因，不外乎是为了节省一部分前期的费用。这样做的主要问题是：由于自身的专业性局限，对于饭店工程项目通常不能全面考虑，特别是经常会出现"先入为主"的错误。主观上想要立项建设，则有时对于可能的问题会视而不见，或认为无足轻重而不加重视。而聘请第三者进行评估，没有自己的利益所囿，则眼光更远，专业性更强，结果也更公正。

饭店工程项目评估和决策阶段的工作主要是对饭店工程项目的可行性研究报告提出评价意见，明确最终决策项目投资是否可行，并确定最佳投资方案。

评估是在可行性研究报告的基础上进行的，其主要内容包括以下方面。

① 全面审核可行性研究报告中反映的情况是否属实。

② 分析可行性研究报告中各项指标计算是否正确，包括各种参数选择、基础数据、定额费率等。

③ 从企业、国家和社会等方面综合分析和判断饭店项目的经济效益和社会效益。

④ 分析和判断饭店工程项目可行性研究的可靠性、真实性和客观性，对项目作出取舍的最终决策，写出评估报告。

评估包括：饭店工程项目建设必要性评价；饭店工程项目条件评价；饭店工程项目技术评价；饭店工程项目经济效益评价（包括财务效益、不确定性分析等）；饭店工程项目总评价。

1.3.3　饭店工程项目设计任务书的内容

饭店工程项目可行性研究报告批准后，可以着手编制设计任务书。设计任务书是确定建设规模、建设根据、建设布局和建设进度等根本问题的重要文件，是设计单位着手设计的依据。

设计任务书可以委托工程咨询单位进行编制，也可以由饭店投资人自己组织编制。无论谁编制，设计任务书都要求内容翔实、数据准确，有很强的可操作性。同时，设计任务书要求有很强的饭店专业特点，有自己的特色，不能千篇一律。

饭店工程项目设计任务书包括以下内容。

① 饭店建设规模。饭店是否一次性建成还是分期建设，如果分期建设每期的建设规模要明确。同时要明确饭店不同产品的规模。

② 饭店工程项目的建设依据。这主要包括能源供应种类和供应方式；饭店等级及类型、风格要求；设备、设施要求；环保和节能要求；可进入性要求；环境要求；其他特殊要求等。

③ 饭店工程项目建设地点和占地面积。

④ 饭店工程项目建设进度和投资估算。

⑤ 饭店改、扩建项目要说明原有固定资产情况和使用程度。

第 2 章
现代饭店工程项目的规划和定位

2.1　现代饭店规划与设计的基本元素

　　饭店的规划与设计，首先要考虑的基本因素是一切以客人的需求为中心，方便客人在饭店中的各种活动需要。同时，还要适应市场发展的需要，取得经济效益。在第 1 章中讨论了饭店工程项目建设的前期工作主要内容，从讨论中可知，饭店工程项目要想取得成功，必须全面考虑影响饭店工程项目的各种因素和条件。这其中既有市场的经济因素，也有社会的政治因素，同时还要考虑经营者的经验和管理的背景条件。

2.1.1　对象因素

　　对象因素是指饭店在进行规划设计时必须以饭店经营的对象，即客人为主要考虑内容，保证客人在饭店中的一切活动合理、舒适、方便。好的饭店规划必须给客人创造舒适方便的生活和活动环境，事无巨细，凡是与客人在饭店活动有关的地方和内容都要充分考虑。认真分析客人活动的规律性、好恶感，从生理、心理角度研究客人的需求，以求建成最符合客人需要的饭店。

　　在进行饭店规划的时候，必须强调客人的因素。而不同的客人对于饭店的要求是不一样的，这就给饭店规划提出了更高的要求。因此，在进行饭店规划时，要根据接待对象的不同，考虑其特殊要求，在规划设计时进行区别对待，这一点是现代饭店规划设计的关键。许多投资人认为，饭店的规划只有等级的不同，同样等级的饭店其要求是一样的，这一观点是错误的。现代饭店的规划和设计，其市场定位是关键。在饭店规划设计之初，必须确定饭店的市场人群。现代饭店规划要求必须细分市场人群，这样才能最准确地把握市场人群需求的细节，建成最满足定位人群需求的饭店。现在有许多饭店业内人士认为，饭店建设要能最大限度地适应大多数人的需要，也即强调饭店的适应性。认为当我的饭店能满足所有人的需要时，那所有的人都会到我的饭店来消费。因此，在饭店规划建设中，一种叫作多功能的饭店成为许多投资人的中意之选。这种观点是否正确呢？必须要考虑到，人的消费需求因其身份地位、经济能力、受教育程度的不同是有很大不同的。有一句老话叫"物以类聚，人以群分"，因此，要想把所有的客人都吸引到你的饭店是不可能的，想要满足所有人的要求，其结果可能会是谁都不来。

举例来说，商务型饭店由于客人需要进行商务性活动，因此饭店的选址必须是在城市中心；而度假型饭店由于是观光度假客人入住，因此就要建设在景区附近。同时，由于商务客人需要进行社交和商务活动的要求，饭店的规划就要求豪华稳重、富丽堂皇；而度假饭店大多是休闲客人，客人不是以表现身份为目的，因此，就要以舒适随意为首选，不一而足。所以，在进行饭店规划的时候必须充分考虑客人需求的特点，按规律去做，不能生搬硬套。如果把商务饭店建在景区，那必然违背客观规律，得不到好的回报。

同样道理，不同等级的饭店由于接待对象的经济能力不同，也要充分考虑和区别对待。

2.1.2　经营因素

经营因素是指饭店在进行规划设计时，应从饭店科学管理的角度出发，保证饭店经营管理的正常进行。在这里，饭店规划一般要处理两个主要问题：一个是饭店的功能，也即饭店能提供什么样的服务产品；另一个就是流程，是指饭店内部人、物、管理等的动线，这涉及饭店的布局。功能和流程都是进行规划设计的重点，功能强调"做正确的事"，流程强调"正确地做事"，二者缺一不可。我国饭店规划设计历来有重功能、轻流程的习惯，这一方面是由于观念比较落后，还停留在饭店发展初期的认识阶段；另一方面是没有管理效率意识，认识不到流程对于饭店经营效率的重要性。这都是在进行饭店规划时需要特别注意的。

我国的饭店设计大多还沿用传统的设计模式，严重制约了饭店的发展，直接影响到饭店的经营效益。因此，在新的饭店建设项目规划时，一定要充分考虑饭店内部信息的传递、运作流线的处理、管理区域的控制、区域间的联系，以及抗干扰、多余环节的缩减等，以最大限度地满足饭店经营的需要。

2.1.3　经济因素

投资人在进行饭店规划时，一定要考虑自身的经济实力。要特别注意的一点是，饭店投资非常大、回收期非常长，因此在进行饭店投资决策时，投资人一定要量力而行，不要想从饭店投资中获得很快的回报。一般来说，饭店的投资回收期除了客源市场非常好的地区，一般都要在 8 年以上，有些类型的饭店甚至要到 15 年以上。因此，在进行饭店规划设计的时候，一定既要保证质量，又要节省投资，不能盲目追求高档豪华。因为饭店档次的不同，投资差别相差很大。例如，五星级的饭店和三星级饭店相比，投资高出将近一倍。

2.1.4　环境因素

环境因素要求饭店在进行规划设计的时候必须紧扣饭店自身的社会环境、经济环境和地理环境，具有自己的个性，并保持整体的协调。

1. 社会环境

饭店在进行规划设计的时候，要充分考虑当地社会的政治、宗教、民俗、人文、历史、民族等综合的社会因素，要求既有特色，又不违背当地的社会环境要求。在进行饭店设计时一定要充分尊重当地的社会环境，细致地了解各种需求和禁忌，绝不能作出违背当地社会环境要求的作品，如宗教的问题就是非常敏感的问题。同时，还要有自己的特色，按照当地不同民族和民俗习惯进行规划设计，保持好整体的协调性，不能搞得不伦不类，也不能"邯郸学步"。这就要求设计单位和投资人要有充分的文化与美学底蕴，才能设计出好的作品。

2. 经济环境

经济环境是要充分考虑当地的消费水平和经济发展水平，不能盲目建豪华饭店。现在有许多地方为了提升所谓的城市形象，不顾当地的经济发展水平，在规划上大力发展五星级甚至超五星级饭店，这些都有可能造成饭店建成后在经营上出现问题。

3. 地理环境

饭店在进行规划设计时，要充分利用当地的自然地理风貌，这样设计出来的产品不仅可以节省大量的投资，同时还可以起到独具风味的效果。例如，在山地建设饭店，就没有必要将山坡开出台地基础，可以随坡就势而建，这样既节省了大量的土方投资，又可以使建筑与环境浑然一体，更有独特性。

同时，地理因素还意味着要充分了解当地的地质和地下资源情况，如有可利用的资源要充分利用，如地热资源等。

2.1.5　制约因素

制约因素是指饭店规划与设计必须依据的有关标准、规范和科学数据，如国家旅游局颁布的《旅游涉外饭店星级划分和评定》，对饭店的星级、档次应具备的条件作出了明确的规定，这是进行饭店设计的基本性文件，确定了不同等级饭店的硬件标准。此外，《高层民用建筑设计防火规范》、《自动喷水灭火系统设计规范》、《采暖通风与空气调节设计规范》、《方便残疾人使用城市道路和建筑物设计规范》、《民用建筑隔声设计规范》、《食品卫生法》等规定的国家标准和行业标准，都是通过严格的科学论证与考证的，是强制性的要求，在饭店的规划设计中要严格按照这些规范和要求去做。

目前，我国在环境保护和建筑材料使用上也出台了许多新的规范要求，如墙体材料的要求、大多数地方对于燃煤的使用要求、建筑排放要求、建筑保温要求等，这些要求在进行规划设计的时候也要认真遵照执行。

另外，对于饭店当地的一些地方性法规，在饭店规划设计的时候也要充分重视，如建筑的限高、建筑外檐要求、绿化面积、容积率、建筑密度等。

在饭店的规划设计时，必须要对这些制约性的法律、法规进行认真研究，真正遵照执行，饭店建设才能顺利进行。否则，在规划审批上将不能通过，饭店建设就要搁浅。

2.1.6　可持续发展因素

1. 经济的可持续发展

经济的可持续发展是指在规划和设计饭店时，应考虑以下方面。

① 饭店所在地的经济发展水平，如当地的床位数、星级饭店的结构等。

② 饭店总量与结构的合理性，即当地的饭店供应总量和需求的比例。

③ 饭店的科技水平，即设备、设施的先进程度和技术水平，以及饭店的信息技术水平。

2. 社会的可持续发展

目前，绿色环保饭店是大的发展趋势，因此，在规划和设计饭店时，应考虑多采用绿色建材和绿色用品等。同时，还要考虑废物排放、环境优化等。

3. 资源的可持续发展

饭店在规划设计时，应充分考虑节能、节水和废物的综合利用，设备的更新周期，不可再生资源和稀缺资源的替代等问题。同时，还要充分考虑土地占用的合理性和经济使用的问题，要考虑采用可以能源再利用的设施，如中水设施、热回收系统（风、水）等。并且，还要考虑土地资源的合理利用。

4. 结构的可持续发展

饭店的设备、设施、装潢是可以改变的，但土建结构是不可以改变的，所以，土建设计一定要有前瞻性，要前看 10~20 年。例如，客房的进深问题，现在我国的饭店都偏小，制约了改造和发展，有些 20 世纪 90 年代初设计的饭店，由于客房偏小，进行改造都成为问题。目前饭店发展的潮流，客房大型化是趋势。按照这一发展来说，客房的进深有 10 米是合适的，外墙到卫生间壁至少有 6 米，卫生间壁到内墙有 4 米。这就为将来的发展打下了基础。

5. 环境保护

环境保护主要是指对自然环境和人文环境的保护。对自然环境的保护包括废物处理、噪声控制、环境优化和饭店建设的环境承载力，这些在饭店的规划设计时都要充分考虑。

2.1.7 超前因素

在饭店的规划设计时，必须意识到社会进步对饭店的冲击，要及时了解社会、经济、政治发展的新动态和新观念，并贯穿到饭店的规划设计中。例如，生态环境概念、电子商务要求、自我挑战极限运动需求、个性化需求、人性化要求、文化旅游概念等，这些新的概念和需求，在饭店的规划设计时都要充分予以考虑。

现在科技发展非常迅速，人们的意识更新速度也在加快。饭店是一个资金密集型行业，建造一个饭店动辄几千万元，多的要几亿甚至几十亿元，因此饭店在规划设计时要有 3~5 年的超前意识。现在的情况是，饭店还没有竣工开业，许多设施就已经落后没有吸引力了，而重新进行改造对于饭店来说又是不小的资金负担。因此，在饭店的规划设计时一定要向前看得远一点，这需要饭店投资人在饭店前期论证的时候就必须确定这些要求。而这正是饭店投资人需要有一个非常专业和强大的顾问团队的原因。

2.2 现代饭店功能和流程规划设计

饭店规划设计分前期过程和实施过程。前期过程的主要内容是市场调查和定位分析、饭店经营目标和星级目标确定、资金筹措等。实施过程主要是文化定位、功能规划、建筑设计、设备设计和装饰设计。对于前期过程在第 1 章已有阐述，在此不再过多论述，本节主要是对实施过程进行较为充分的阐述。

饭店的规划设计流程如图 1-2-1 所示。

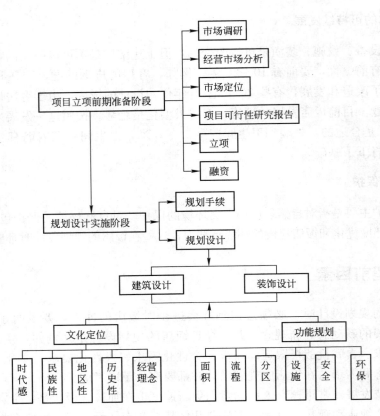

图 1-2-1　饭店的规划设计流程

2.2.1　饭店的文化定位

饭店文化是指饭店自成体系的思想观念、文化观念、价值标准、管理模式、经营理念和物质文化环境的总和。饭店文化包括 3 个方面：物质文化、技术文化和精神文化。饭店的物质文化是通过物质手段达到的物质美，它需要人们通过感官来获得享受，如饭店的建筑形式、饭店的装修、饭店的设备设施、饭店的内在环境质量等。饭店的技术文化是指饭店的管理模式、经营制度等管理运作方法。饭店的精神文化是饭店的思想面貌、精神支柱、价值标准，是饭店的灵魂。因此，饭店的文化定位就是根据饭店的社会、经济、环境等背景确定饭店的经营宗旨、管理模式，以及体现饭店的物质文化程度。

本书只讨论饭店的物质文化。

饭店的物质文化定位没有固定的模式，应该因地制宜、因人制宜地确定饭店自己的文化主题。首先，饭店应先根据其所处位置的自然环境、历史文明、人文环境、政治经济背景、艺术色彩和企业经营特色来确定自己的文化主题。在此基础上，饭店在规划设计时依据这些条件，演绎出代表饭店主题内涵的饭店名称和物象，如建筑造型、内部装饰、空间布局等。也即饭店规划设计必须主题先行，一切设计都围绕主题完成，而不能照搬硬抄。

世界上成功的饭店设计都有自己的文化背景，都渗透自己企业文化的烙印。例如，现在饭店设计中非常流行的客房楼层没有服务台的模式，就是雅高管理集团首先提出并倡导的。这一模式的提出是根据雅高集团企业的法国文化背景，体现了法国人的随意、闲适、不受约束的文化特性。人们不要以为这只是一种文化的表现，而它的要求在饭店整体设计上就出现了很大的变化，如楼层不设服务台，则可以减少楼层的服务空间而增加了客房数量；楼层服务人数也相应减少等，体现出一系列的物质和管理变化。而在建筑和装饰设计的时候也就有了相应的改变。

1. 文化定位的基本原则

1）有独创性，有鲜明的个性，避免雷同和模仿

饭店的文化定位必须强调自己与其他饭店不同的特色，保持自己的独立个性。饭店从经营角度考虑，必须要给客人以深刻的印象，也就是让客人能记住你。饭店外观的第一印象是最为重要的，好的外檐设计会给客人眼前一亮的视觉冲击，给客人留下深刻的印象。我国许多饭店由于各种各样的原因，如地区经济文化发展的落后、地方设计单位的技术能力、饭店投资人的经历与品位等问题，往往喜欢模仿抄袭，企图借别人的招牌扬自己的名声，而使饭店设计千篇一律。这就很难给客人以深刻的印象，其结果往往适得其反。

2）与周围环境和谐统一

环境是烘托主题的基础，包括自然环境和社会环境。根植于环境的设计才有生命力，与周围环境和谐统一才有生命力；过大的反差会引起反感，破坏整体效果。例如，在一片传统民居中突兀一个几十层高的饭店，就非常不协调。现在世界建筑设计的发展趋势都是要求在与环境的和谐中创造自己的特点，充分利用文化的符号表现。我国有许多饭店投资人喜欢搞一些怪异的设计形式，认为这才能突出自己的个性，这是和世界潮流相悖的。我国还有许多投资人喜欢请国外的所谓后现代设计师搞另类设计，搞出了许多垃圾建筑还自鸣得意。其实许多国外设计师的作品在他们本国也是没有市场的，这一点应该引起注意。

3）一致性，外表和内涵的统一

饭店主题应贯穿始终，不要忽中忽西，要连贯一致。如果非要有所变化，也要有明确的分区，特别忌讳"挂羊头卖狗肉"，如餐厅是中式的名字，但内部装饰却是西式的，不伦不类没有品位。

4）寓意深刻，切忌肤浅

现在饭店的客人对于文化的审美要求越来越高，不仅要求享受到物质的舒适，而且要获得文化的熏陶和滋养。现在客人外出旅游的目的有许多是希望能学到他国或他地的历史、文化、艺术等知识，了解不同地域的历史遗存和风俗习惯等，而吃、住只不过是生存的必需而已。因此，在进行饭店的规划设计时，要充分深入地反映文化的主题，不要搞表面化的东西，要有富于文化内涵和哲理的东西。这需要设计者对环境、历史有很深的造诣。但也不要搞生僻和怪诞的东西，特别要避免有违民族、民俗、宗教忌讳的内容。

5）健康、积极

文化定位不要把殖民主义、反动、淫秽等有损人们身心健康的东西夹杂进来。同时，也要避免庸俗、恶俗的表现形式。

6）交叉性

上述定位方式都有一定的交叉性，是综合性的，不要割裂考虑，要考虑和谐的美。

2. 文化定位着重考虑的问题

1）区域

区域定位是根据饭店所处的地域位置确定饭店的文化主题，如是在城市还是景区等，不同的地域有不同的文化内涵。按照区域进行文化定位主要是根据不同的自然环境，充分考虑其地方有代表性的自然地理、物质文化等特点，设计饭店的建筑表现形式、结构形式、装饰表现、内部空间等。区域定位要求饭店的文化定位与周围环境协调，使饭店融合到周围环境中。让客人能在饭店从视觉效果融入到周围环境中，并领悟环境对文化的表现。在区域定位中要防止生搬硬套、拿来主义，将地方的建筑形式不加改变地模仿。而是要抓住精髓，取其精华，同时有所升华和创造，也即不要一切的现实主义原汁原味。

不同的区域由于环境的不同其建筑形式和结构类型也有其地域特色。例如，景区饭店就要求与周围的山水景色融为一体，体现"宁静、舒适"，同时还要表现"山刚水柔"的特色。因此，景区饭店的建筑都有以下特点。

① 建筑物高度都不高，忌讳喧宾夺主。

② 建筑物的朝向以主要景色为主要视觉观察范围。若处于山水中，要尽量依托青山绿水。

③ 建筑造型要灵活多变。

④ 饭店名字要与自然风景区紧密联系。

城市中心饭店一般都要展现现代社会的意识和潮流，大多采用高科技材料和现代设计手法处理文化定位。由于城市土地的稀缺，城市中心饭店大都建筑很高，并且有独特的造型。

2）民族

民族文化可以反映不同的国家、不同的民族灿烂的文化遗产，是旅游观光者渴望获得的知识点。因此，以民族方式确定饭店的文化主题，不仅可以吸引客人，还可以弘扬民族文化。

以民族文化特点定位有两种方式：一个是当地民族文化；另一个是移植外域民族文化。由于许多旅游者的文化猎奇心理特点，还是要重点考虑民族文化的"本土化"。

在进行民族文化的定位时，应注意以下几点。

① 无论是饭店名称、建筑造型、内部装饰还有员工服饰，一定要深入领会民族文化的精髓，采用具有代表性、独特性、进步性、渊源性的特色，不能流于表面的模仿，也不要着力表现落后的一面。

② 按民族特点进行文化定位应贯穿始终，即从名称、造型、装饰乃至精神内涵都要保持一致。切不可屋顶是中式风格，而外墙却是西式格调，同时柱子又装饰成古罗马风格，搞成不伦不类的大杂烩。

③ 建筑材料要尽量选择当地的材料，保持乡土气息的原汁原味。

3）历史

历史定位方式是依据历史人文史迹确定主题，这也是旅游者非常喜欢的题材。一个国家的历史是一个国家数百乃至几千年的文化、哲学、艺术、经济、政治等发展过程的结晶，因此，表现历史需要饭店的设计规划人员也具有非常深厚的历史知识内涵，不然容易流于表面而显得肤浅。

采用历史题材作为文化主题的饭店要注意以下问题。

① 要保持历史的真实性、广域性、影响性、代表性、进步性，保持历史题材的严肃性，切忌用野史、稗史，更不要进行所谓的"戏说"。

② 饭店进行历史方式定位不应该是简单地罗列历史，开"古玩店"，而是要成为"博物馆"，要有文化的熏陶在其中。因此，饭店自身要对所表现的历史很清楚，不要搞似是而非的东西贻笑大方，否则不如不做。

③ 历史题材的选择要对某个历史阶段有重大影响、有深刻的意义。

④ 要选择推动历史前进的题材，不要表现历史的糟粕、落后的东西。

⑤ 建筑风格、装饰风格等要与所表现时代的风格协调。不同的历史过程都有各自的文化基础，都有特定的物质表现形式，在进行饭店的规划设计时，要尽量忠实地表现历史。

4）文学艺术

采用中外文学艺术进行饭店定位是比较普遍的现象，因为其题材广泛，可塑性强，同时饭店也比较容易融入自己的文化。

采用这种方式时要注意以下方面的问题。

① 所选择的内容要有广泛的群众基础，为大众喜闻乐见，不要生僻怪诞，令人费解。

② 在视觉效果上要容易识别，避免一些抽象意义上的内容。

③ 通俗但要高雅含蓄，寓意深长，不要庸俗，低级趣味。

5）时代事件

时代事件定位是根据社会政治、经济、科技发展的时代特点或某一重大事件确定主题。例如，奥运会主题、世界博览会主题等。时代事件定位具有以下特点。

① 主题一定是积极的，于社会发展有益的。

② 事件应该是广泛被宣传或认知的，社会反响大，深入人心，有广泛的社会基础。

③ 要考虑主题事件的稳定性和周期性，不要选择所谓的"流行"题材，生命力不强。

6）主题饭店

主题饭店一般都具有鲜明的经营特色，一般是为了适应社会一部分人的某一项特殊需求，如探索、冒险、猎奇。这类饭店的客源比较特殊，所以一般饭店规模都不大。但饭店必须要真正做到专业性非常强、主题非常突出，这样效果也是非常明显的。

7）管理集团旗下饭店

这种类型的饭店现在非常多，许多投资人也希望在饭店建成后能委托某知名饭店管理集团进行管理。但每个饭店管理集团都有自己的企业文化，特别是在饭店设备、设施等硬件上都有自己的特殊要求。因此，投资人在进行饭店规划设计时，如果定位要委托某个饭店管理集团进行管理，那必须先要与该饭店管理集团签好意向，按照该饭店管理集团的要求进行饭店的设计。否则，当饭店建成之后再委托管理将必然使饭店进行改造，造成大量的浪费和损失。

2.2.2 饭店的功能规划

所谓功能规划，主要是指按照方便客人和管理的原则，进行设备、设施合理的功能布局设计和顺畅的各种流程设计（物流和人流）。功能规划的基本要素是面积、区域、流线、设备设施、环境、安全、超前意识和可持续发展。

1. 功能规划的基本要求

1）面积

饭店内部的面积根据不同的区域要求而有所不同，同时，不同等级的饭店对于不同区域的面积要求也是不同的。《旅游涉外饭店星级划分和评定》就对不同星级的饭店面积提出了相应的要求，在进行饭店的规划设计时要参考《旅游涉外饭店星级划分和评定》的要求。在这里需要注意的是，《旅游涉外饭店星级划分和评定》中规定的饭店不同区域面积指标，只是最低限度指标，如果低于所规定的指标，就不能评上该档次星级。而随着社会的发展和饭店整体的发展趋势看，现代的饭店在功能区域面积上，都有向大型化发展的趋势。

研究《旅游涉外饭店星级划分和评定》可以发现，在星级评定标准中，主要是对客房面积、前厅公共面积、部分康乐面积等有具体的指标要求，而对其他的功能区域，如餐厅、厨房、大型运动设施（如游泳池、健身房等）、洗衣房等只是做了相应的要求而没有具体的指标标准。对于这些区域，在设计时，一般是以客房数作为参考基础，从而衍生出具体的面积标准。例如，餐厅就是以床位数确定餐座数，然后再确定不同餐种的每个餐座的面积，汇集成为整个餐厅的面积。

其他的区域也有类似的标准。设备用量也是参照面积、客房数等获得的。

在进行饭店的面积规划设计时，要注意以下两个方面的问题。一个是贪大，认为越大越显得豪华。虽然在国际饭店业确实有这样的话："大就意味着豪华"，但是在面积规划设计时一定要掌握度，不要过于求大，因为面积越大，相应的建设成本就要增加，将来的运行成本也要增加。现在国内已经有了 70 多平方米的标准客房，从运行经济上看是非常不合算的。另一个问题就是总面积很大，但有收益面积比例却很低，这是我国豪华饭店设计的通病。我国的客房区面积一般要比国外同级别饭店低 10％～20％，这就大大影响了饭店的盈利能力。这一问题的症结在于我国的饭店总喜欢铺张，公共区域搞得很大，有很多不必要的浪费。在饭店面积规划设计上，一定要本着经营为主的宗旨。

在规划饭店不同区域的面积时，还要注意一个问题就是不同类型的饭店，相同区域的面积也是不一样的，这是根据客人的不同需求要求而区别的。例如，商务型饭店的客房平均面积就比同级别的度假饭店要大，这是因为商务饭店的客房内部设备要比度假饭店多，家具形状也有变化。因此，在进行饭店规划设计时，还是在第 1 章中所强调的，首先要了解饭店，先把饭店的定位做准确，然后才能设计饭店。

2）功能区域

功能区域是指饭店各项功能项目和设备、设施在饭店中所处的地理位置及其分布。饭店的主要功能区域包括以下方面。

（1）客房部分

包括客房、电梯前室、走廊、服务用房、洗衣房等。

（2）公共部分

包括大堂、前厅、电梯、公共营业部分等。

（3）餐饮部分

包括餐厅、酒吧、厨房、宴会厅、咖啡厅等。

（4）康乐部分

包括桑拿房、健身房、游泳池、棋牌室、歌厅、保龄球馆、网球场等。

（5）后勤服务部分

包括员工通道、员工宿舍、办公室、员工食堂、员工更衣室等。

（6）工程设备部分

包括变电室、锅炉房、制冷机房、水泵房、发动机房、程控交换机房、消防控制室、监控室、设备楼层等。

对于饭店的功能区域，要求相关的功能尽量集中。同时，要合理安排各个区域，保证各自的独立性和互不干扰。重要的是，还要让客人明确各区域的位置，方便活动，便于管理。在进行功能区域设计中，要着重解决两个问题：一个是各功能区域间的流线联系，以及各区域内部的流线联系，也就是布局问题；另一个是各区域之间的抗干扰问题。

区域间的联系要考虑不同区域间的内容接近和相互补充原则，即按照活动程序或经营运作环节衔接进行布局。例如，电梯位置要离总服务台近些，以便于客人登记完后尽快乘电梯进客房等。

区域间防干扰也是区域规划的重点问题。这种干扰是多方位的，如噪声、气味、人流交叉等。因此，在设计的时候一定要给予高度重视。要考虑得细一些，如风机房不能设置在厨房、公共卫生间附近等。

3）流程

饭店主要包括四大流程：客人流程、员工流程、物流、管理流。在进行饭店流程设计时要注意以下几个问题。

① 流程分主次，次流程不能打扰主流程。饭店的主流程是客人流程，因此其他流程不能打扰客人流程。

② 服务流程要按照操作规程设计，保证不重复、不交叉。

③ 流程要求高效、简捷，不要搞得很复杂，像迷宫一样。

④ 物品流程要考虑物品的进出方便，且要隐蔽、简捷、卫生、安全。

⑤ 设备流程要考虑设备的安装、维护保养和维修的方便，考虑操作的合理性和安全性。

⑥ 信息流程要快捷、高效。信息流程有其特殊性，就是要考虑信息分享的权限性。

图1-2-2是饭店功能区域及流程示意图。

4）设备和设施

饭店设备、设施规划设计时，在满足使用要求的同时，还要根据饭店的特殊性进行以下考虑。

① 设备的体积问题。由于饭店的总面积是有限的，因此，设备、设施的体积在同样功能效用条件下，要尽可能选择体积小的设备、设施。

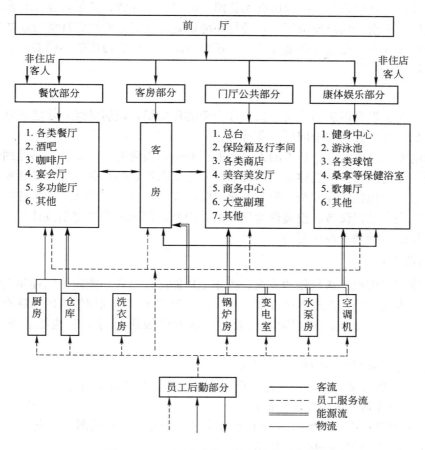

图 1-2-2　饭店功能区域及流程示意图

② 设备要选择操作简便和维护保养方便的。

③ 设备要选择对环境影响小的，特别是有关噪声和废气排放等问题。

④ 设备、设施的选择一定以安全为先，因为有许多设备是客人自己直接使用和由非工程部人员使用的。

在进行饭店的规划设计前，应该对设备、设施进行专题投资规划分析，特别是大型的、主要的设备，如电梯、制冷机、锅炉、发电机等。规划要考虑设备占用空间大小、附属管道等设施要求，设备所处位置与客人和员工使用操作的关系，设备对环境的影响，管理维护要求等。

5）环境

饭店应给客人以优良的环境。环境主要由声（声音、音乐）、光（形、色）、气（空气质量）等构成。《旅游涉外饭店星级划分和评定》标准中对于环境的要求非常高，很多项目都提出了环境条款，如饭店有无花园、庭院，有无背景音乐，花木和艺术品的点缀、空气质量要求、噪声要求等。在进行环境规划设计时，要注意环境与功能区域的协调，不能喧宾夺主。在空间环境设计时，还要考虑不同民族习惯的不同要求，如中餐和西餐的不同等。

6）安全

没有安全就没有饭店的一切。只有在安全的环境里，饭店的经营才能正常进行。在饭店的规划设计中要把安全问题放在首位。

饭店的安全是指客人、员工的人身和财产安全，饭店财产的安全，不受到伤害也不存在受到伤害的因素。从具体来说，饭店的安全要求饭店的服务与经营场所要保持良好的安全状态，即包括治安安全、消防安全、防盗安全、食品安全和突发事件的处置。

饭店的安全是以设备、设施作为保障的，因此，饭店的安全规划设计其实是与饭店的设备、设施设计联系在一起的。

7）能源

能源规划是现代饭店规划的重点。由于全球能源的紧张，能源费用逐年上涨，作为饭店工程成本之一的能源成本也在逐年增长。有数字显示，我国饭店的能耗费用要占到饭店总收入的 7％左右，旧的饭店还要多，这就使饭店不得不对能源管理给予高度重视。

饭店的能源规划主要包括 3 个方面：

① 管理，也就是在制度和规范上重视能源管理，严格节能措施；

② 在设备规划上选用节能设备；

③ 在饭店总的规划设计时，对于饭店的建筑设计、建筑材料、设备系统的设计采用节能环保标准，使用各种节能技术。

8）考虑可持续发展

饭店是高科技产品引进非常快的行业，主要是客人对服务项目的更新要求高。因此，饭店在进行规划设计时一定要考虑社会的发展趋势，要注意可持续发展的问题。一般来说，饭店设计考虑可持续发展主要有以下几方面。

（1）结构

结构问题是制约我国饭店发展的重大问题，国内许多 20 世纪 90 年代初设计的饭店，由于结构的限制，现在在进行改造时出现了很大的困难，有的甚至根本不能达到现在的标准要求。因此，在进行结构设计的时候，一定要充分考虑饭店的发展趋势。

（2）能源

能源特别是电力能源，需要认真考虑。现在饭店的设备越来越多，对于电力的需求也越来越大，因此在进行电力规划的时候一定要考虑设备的增容问题，要有一定的余度。

（3）线路

饭店的设备增加很快，一方面能源要考虑增容问题，另一方面线路也要考虑增容问题，特别是电力线路。现在许多饭店都面临由于超负荷使用电力线路，加速了线路的老化，而使饭店处于火灾的隐患中。由于饭店的管线都是隐蔽工程，所以改造起来非常困难且费用较高。因此，饭店在规划设计时，在线路上，特别是电力线路必须要考虑增容问题。

（4）环保及资源再利用

现在世界饭店的发展趋势是重视环境保护，使用清洁能源，减少排放和资源的再利用，这是一个全球范围不可逆转的趋势。我国的饭店现在也已经开始重视这方面的问题。一段时间以来，我国的饭店在进行规划设计的时候，一直是重装修、轻环境，现在这一现象一定要改变。在进行饭店的规划设计时，就要把环境问题和资源再利用问题考虑进去，减少排放，多使用清洁能源。例如，考虑能源的梯次使用，废水的回收处理再使用，可回收垃圾的处理再利用等，这都是现在的发展趋势。

2. 饭店主要区域功能规划的要求

1）客房

① 客房应选择在公共服务区域的上边，不与人流大的区域（餐厅、舞厅等）交叉。

② 客房群的面积（包括房间、走廊、电梯及楼层服务用房）应占总面积的50%左右。

③ 客房的有效面积应占客房群面积的70%左右。

④ 标准间开间4～4.6米，进深9米左右，以10米为好。

⑤ 三星级以上饭店的客房建筑面积30～40平方米，净面积（不包括卫生间和玄关）20～28平方米。

⑥ 客房卫生间面积一般5～8平方米，有条件的干湿要分开。

⑦ 层高标准规定不低于3米或2.7米。

⑧ 商务楼层可以办理入住（离店）手续，有问询、留言服务，提供复印、传真、翻译、文秘等服务。商务楼层一般设在饭店的高层。

2）餐厅和厨房

① 餐厅的规模以客房的床位数计算，不同类型的饭店有所不同。会议和度假型饭店：1.2个餐位/床；商务和休闲型饭店：0.6～0.8个餐位/床。

② 餐厅面积以餐座数为基础，不同等级和餐种的餐厅面积不同。一般在2平方米/座左右（不包括多功能厅或大宴会厅）。

③ 四、五星级的饭店大堂里应有咖啡厅——快餐厅。各色餐厅最好集中在一个区域。除特殊情况，餐饮区最好在4层以下。

④ 厨房面积一般为餐厅面积的 70%左右，应与餐厅相连，在同一个层面。

3）大堂

① 大堂面积按照国家标准规定不能低于 250 平方米；按照档次，以客房间数为依据，每间分别为 0.6、0.8、1.0、1.2 平方米。大型会议饭店可能要大些，但不要超过 2 平方米/间。

② 总台长度通常按照 1.6 米/50 间客房考虑，实际设计中，国内饭店大多总台长度为 8～12m，大型饭店可达 16 米。总台要有一端不封闭，以便提供个性化服务。

③ 前台办公室面积为 50～100 平方米。

④ 保险柜室与总台相连，有两个门，客人入口尽量隐蔽。

⑤ 大堂副理位置在可以同时看到大门、总台、电梯处，且在主流程之上。

⑥ 大堂应有行李间，0.05～0.06 平方米/间客房。

⑦ 大堂有公共卫生间，但门不能直对大堂。

⑧ 大堂有公共电话，2 部/50 间客房（一内线，一外线）。

4）会议设施（包括多功能厅、贵宾厅、接见厅等）

① 多功能厅应有音响设备、投影设备、宽带网设备，高级饭店还要有同声传译设备。

② 有良好的隔音和灯光，还要有移动灯光。

③ 有可折叠的家具和屏风，一般不设舞台，需要舞台用活动地板拼装。

④ 多功能厅的面积一般不超过 400 平方米，大的可以是 1 000 平方米左右。

⑤ 与多功能厅相连的要有一个贵宾厅和接见厅，有合适的厨房或备餐间，一个家具周转库房。

5）健身娱乐设施

① 商务观光饭店以健身设施为主，如健身房、游泳池、桑拿按摩房等。

② 康乐区要和客房区相通，但又与客房分离。

6）商务中心和其他营业性服务设施

营业性服务设施主要有行李托运、邮政服务、代订票服务、银行等。

7）行政和职工用房

① 行政和职工用房的面积一般控制在总建筑面积的 4%左右。

② 总经理办公室一般设在便于与客人接触的地方，财务办公室一般设在与营业部门相近的地方。

③ 职工区一般设在地下层或配楼。

3. 饭店流程的要求

饭店的动态流程主要有客人流程、服务流程、货物流程和信息流程 4 个系统。饭店流程设置的原则是：客人流程与服务流程不交叉；客人流程与货物流程不交叉；客人流程直接明了，服务流程快捷、高效，信息流程快速、准确。

1）客人流程

中、小型饭店的客人流程一般只设一个出入口，以便于管理。大、中型饭店要将住宿客人和宴会客人的流程分开。

（1）住宿客人流程

住宿客人分团队客人和散客，为适应团队客人的需要，饭店一般要专设团队客人入口和团队客人休息厅。

（2）宴会客人流程

大、中型饭店承担大型的社会活动，宴会厅应有单独出入口和门厅。

2）服务流程

饭店的员工有专用的员工通道，有专门的员工出入口，有专门的员工电梯，不要和客人的混用。

3）货物流程

饭店要有卸货台、货运电梯，主要是用于进入饭店的物、食品和清出饭店的垃圾等货物。货物流程可以和员工流程混用。

4）信息流程

信息流程主要是计算机管理系统。饭店应建立自己的综合布线系统，建立自己的信息网络。

2.3　饭店建筑及装饰规划设计的基本要求

2.3.1　饭店建筑规划设计的基本要求

饭店建筑是一个展现饭店建筑文化的形象体，客人对饭店最早的印象就是从饭店的建筑开始的。饭店的建筑与其他民用建筑不同，它的设计既有住宅建筑对住的舒适性要求，也有公共设施等专业性建筑的专业服务性要求。因此，饭店的建筑设计要体现舒适、美观和功能专业。

1．功能性

饭店的建筑设计首要考虑的是饭店的建筑形状和空间如何满足客人的需求，不能只是单纯地考虑建筑造型的艺术和表现，毕竟饭店的基本功能是使用而不是雕塑。现在有许多饭店的设计过于考虑所谓的艺术造型美而使使用空间浪费很大，这是要重视与克服的现象。因此，在饭店的建筑空间设计上，首先是要进行空间布局的设计，使整体的布局与饭店的运作协调，在完成布局的基础上，再考虑造型和艺术美等问题，在这方面不能本末倒置。

2. 商业性

总体来说，饭店还是属于商业性建筑，以盈利为主要目的。因此，在进行饭店建筑设计的时候，如何最大限度地扩展可使用的营业面积，使饭店能产生理想的经济效益，是建筑设计要考虑的重要问题。现在许多饭店的设计为了表现豪华奢侈，不惜大量浪费有收益面积，这是特别需要注意的。

3. 文化性

现在客人对于文化的要求越来越高，因此，饭店的建筑造型要有一定的文化内涵，表现一定的文化思想和品位。对于文化的阐释在本章 2.1 节有比较深入的讨论，但无论选用哪种文化作建筑设计的基础，都要取其精粹，不要流于表面。现代的建筑设计，大多采用文化符号表现文化特征，所以，在文化符号的选择上，也是要取其精髓。

4. 技术性

饭店建筑本身有其强烈的时代特点，突出表现在对于新技术的使用上。因此，在饭店的设计上，一定要把握时代的脉搏，大量采用先进的技术，使用新工艺、新材料。特别是环保节能问题是现在时代发展的主流，因此在进行建筑设计的时候，环保和节能永远是一个主题。

5. 环境性

饭店建筑不能离开所处的环境而存在，需要与周围的环境协调一致。不能不顾周围的环境氛围，一味追求脱离现实的所谓标新立异或唯美主义。如果与环境不协调，饭店建筑会由于与环境反差过大，给人不伦不类的印象，不仅破坏了环境的和谐，也使自己的形象受到损害。

6. 共性与个性

由于饭店的功能有其共性，这使得饭店在建筑设计的时候，在空间分配的设计上难免造成雷同。但在具体设计时，要尽量找出饭店自己的特点，突出自己的风格，也即要有自己的个性。

2.3.2 饭店建筑设计的思路

1. 主题先行

在进行建筑设计时，必须要首先确定主题，根据主题精神选择饭店的造型。饭店的主题一般是与地域环境特色、当地民族建筑风格和要表现的投资人思想有关。例如，阿联酋海湾饭店的流线型造型，现代材质形成的轻盈、光滑的表面恰似遨游大海的鲸鱼，表现了海湾的主题。

在饭店建筑设计的时候，往往要用到不同风格的建筑符号。

传统的东方风格一般采用大屋顶、琉璃瓦、木结构的梁架，追求形式上的对称，体现的是中国传统哲学思想的中庸、平衡的思想。同时，庭院式的群组建筑布局，也体现出中国文化的含蓄、深沉、连贯、平缓流畅过渡的思想。

古典西方式的风格包括从古希腊、古罗马到中世纪、文艺复兴等一系列大跨度的风格总汇。其主要是以宗教风格作为主线，如经常可见到的哥特式建筑、古希腊式建筑，大多是起源于神庙和由教堂建筑演化而来的。它的特点是非常的堂皇，因为是为神而建的，空间很大，并且有许多的装饰性花纹以表示对神的敬仰和歌颂。这种建筑形式其流动趋势无一例外都是向上的，也就是神的升天趋势。这种建筑风格的饭店，国外除了以老建筑改造的饭店外，新建饭店很少采用了。但是，我国许多地方的饭店还喜欢采用这些建筑形式，这体现了许多的崇洋思想，同时也体现了许多投资人的文化落后和闭塞。以为外国人就是喜欢这样的建筑风格，这也说明饭店投资人必须要与时俱进，在文化艺术上要多一些造诣。

乡村风格的饭店采用当地出产的竹、木、石头、砖等材质和本地传统的生活用品建造和装饰，具有古朴、纯真、清新的乡土气息。

现代风格的饭店采用大量的现代科技成果，使用大量的现代建筑材料，因此，功能性和经济性更为明显。现代建筑大多倾向于几何图案和流畅的线条，造型比较简单，比较重视色彩对心理的作用。现在的现代风格饭店大多采用塔楼和裙房组合结构，塔楼主要做客房部分，裙房主要做公共区域。

2. 功能与艺术要统一

建筑设计首先要满足功能需要，然后再考虑艺术。好的建筑设计必然是功能和艺术的完美结合，在满足功能的前提下，还是要尽可能地提升建筑的艺术性。建筑本身是凝固的艺术，因为建筑的存在要有相当长的时间，因此在建筑设计时，要考虑设计的可推敲性和深层次的艺术文化主题内涵，切忌肤浅和浮躁，避免庸俗和恶俗。例如，我国北方某城市的银行建筑就搞成一个大铜钱的造型，给人以浅薄和恶俗的印象，根本就谈不

HOTEL

上美。

饭店设计的艺术美主要表现为实体与空间的统一，其表现形式就是轮廓的完善、稳定、均衡和比例的协调。

1）轮廓

建筑的总体轮廓表现饭店的个性和风格，反映民族、国家、时代等内涵，也就是饭店的外部造型。

2）尺度

尺度是指建筑各部分的大小关系和其与人体之间的关系。不同国家的建筑尺度与当地的人种高度有关。在进行饭店的建筑设计时，要考虑我国人群对于建筑尺度的要求和概念。一般情况下，我国的建筑设计规范对于建筑的尺度都有明确的规定，要在设计中遵照执行。尺度对于建筑艺术来说非常重要，同样的造型，不同尺度情况下的表现是不一样的。因此，在饭店建筑设计时，要尽量表现尺度的真实性和协调性，不要随意夸大和缩小某部分的尺度，以免造成视觉上的扭曲。

3）比例

饭店建筑各部分间应有正确的比例关系，主要包括三度空间和二度空间的各个部分之间的比例关系、虚与实的比例关系、凹与凸的比例关系等。对于比例没有明确规定，主要是人的感觉和谐就好。

4）平衡和稳定

饭店建筑特别强调平衡和稳定。我国的传统建筑思想也是对称和平衡。对称的建筑是稳定的，人们对不平衡的建筑总是心有余悸。在我国传统的建筑风水理论中，一直都强调平衡和和谐。由此可以看出，平衡是我国建筑思想的主旨。现在有许多国外的所谓现代派的设计人以不平衡为美，对此不以置喙。但有一点是肯定的，不平衡的建筑，要达到稳定，在结构的处理上总是有很大的困难，在实际使用中必然有许多的空间浪费和建筑成本的增加。这一点在投资人进行建筑设计选择时一定要予以考虑。

5）节奏

饭店建筑由多个形体组成，组成饭店的各建筑形体和部件的安排、体型的变化、位置的安排，甚至图案和颜色的搭配，都要按照一定的规律进行，这就叫建筑的节奏。如果建筑节奏没有变化，则整个建筑显得呆板和毫无生气。如果变化是无规律的，杂乱无章，那饭店就显得很凌乱，没有重点，没有章法。

6）质感、色彩

不同的建筑材料有不同的质感，而不同的质感会产生不同的心理表现。粗糙的表面显得雄壮，细致的表面显得精致。在进行饭店的规划设计时，对于材料的选择要考虑需要达到的风格表现。一般来说，花岗岩给人以稳重、坚实的感觉；大理石给人以华丽的感觉；木材给人以纯厚的感觉；金属材质给人以现代的表现等。

色彩的选择也和心理有很大的关系，如红色表现热烈、紫色表现高贵、蓝色表现冷静、绿色表现生机、黄色表现厚重、黑色表现深沉等。但是，饭店色彩的选择还要考虑民族、宗教、政治、环境等因素，不能单纯从艺术角度出发。

2.3.3 装饰处理

饭店的室内设计应该与建筑设计同步进行，这样可以互相给予支持和补充，达到完美的效果。对于饭店的室内设计来说，必须要充分了解市场的需求和饭店功能发展的趋势。

作为饭店的投资人，应该在充分市场调研的基础上，提出整个饭店的设计思路。对每一个部位的设计都要做到心中有数，对设计公司要提出各个部位的设计要求，越细致、越深入、越明确越好。

1）室内设计步骤和操作程序

在有了明确的设计要求后，饭店的室内设计主要分 3 步进行：方案设计，也称创意设计；深入设计，也称扩初设计；施工图设计。

在选择设计公司时，应选择有丰富设计经验，并有许多同类饭店设计成功案例的专业设计公司。一般情况下，其具体操作程序如下。

① 设计公司要派设计师考察现场，并与投资人讨论、明确设计内容，确定设计方案并形成会议纪要。

② 设计公司应出具设计方案并确定内、外部的装饰材料，出具实物样品，供应商名称及价格。

③ 设计公司出具总的工程造价。

④ 作出平、立面图的光盘，编写设计说明书，应有包括主要活动场所的透视效果图。效果图不是计算机制作的，必须是手绘的。这就避免了千篇一律的抄袭，而是设计师自己的创意。效果图一定要求是使用所选择材料的效果图。

一定要注意在选择设计公司时，先让设计公司出具一部分效果图的做法是不正确的，这时所选择的材料并不确定；认可设计后再选材料，作出的结果和效果图可能有很大的差距。一定要先确定材料，再出具效果图。

2）装饰设计需注意的事项

饭店的装饰设计要与饭店的风格、社会的发展潮流和客人的需求同步，不同的国家、地区、民族对审美的取向各异，因此，饭店的装饰设计没有一个统一的模式。现在的饭店装饰可以说是百花齐放、百家争鸣，各种风格流派都有表现。一般来说，现在比较流行的风格有后现代主义风格、解构主义风格等。古典主义风格在饭店的装饰上也有应用。而中式风格建筑装饰,在我国的饭店设计中也多有采用。

在饭店的装饰设计中一般需要注意以下事项。

① 追求饭店的形象个性化,表现要独特,视觉效果要有冲击力。

② 强调饭店的人文氛围,感情色彩浓厚。

③ 艺术和功能要完美结合,不能唯艺术而轻功能,也不能重功能而忽略艺术。

④ 要与城市和周围规划相协调。

⑤ 要以装饰艺术为手段,体现饭店的主题文化。

⑥ 无论是"本土化"还是"异域化",风格要纯粹,不能似是而非,不伦不类。

各种不同风格的饭店建筑如图1-2-3~图1-2-9所示。

图1-2-3 后现代主义风格建筑(1)

图1-2-4 后现代主义风格建筑(2)

图1-2-5 中式风格建筑

图1-2-6 哥特风格建筑(1)

图1-2-7 哥特风格建筑（2）

图1-2-8 现代主义风格建筑

图1-2-9 文艺复兴风格建筑

第 3 章
饭店工程项目合同管理

3.1 合同的基本内容

3.1.1 合同管理

　　合同管理主要是指对各类合同的依法订立过程和履行过程的管理，包括合同文本的选择；合同条件的协商、谈判；合同备案；合同履行；合同变更；违约和纠纷处理；总结评价等管理内容。

　　饭店工程项目合同主要包括以下类型。

1. 咨询类合同

① 饭店工程项目定位咨询。
② 饭店工程项目可行性研究。
③ 饭店工程项目招标咨询代理合同。

2. 设计类合同

① 饭店工程项目规划设计合同。
② 饭店工程项目方案设计合同。
③ 饭店工程项目初步设计合同。
④ 饭店工程项目施工图设计合同。
⑤ 饭店工程项目装修设计合同。
⑥ 饭店工程项目环境设计合同。
⑦ 饭店工程项目外部管网及道路设计合同。

3. 建设类合同

① 饭店工程项目勘测合同。

② 饭店工程项目施工总包合同。

③ 饭店工程项目建设物资采购合同。

④ 饭店工程项目设备采购合同。

⑤ 饭店工程项目外部环境施工合同。

⑥ 饭店工程项目外部管网施工合同。

⑦ 饭店工程项目道路施工合同。

⑧ 饭店工程项目内部装修合同。

⑨ 饭店工程项目外部装修合同。

⑩ 饭店工程项目建设监理合同。

目前，饭店工程项目的合同管理主要是运用市场机制，由饭店组织实施。但在合同签署中，饭店要根据国家和地方建设管理部门的规定，需要进行公开招标的，要进行公开招标。

饭店工程项目的合同管理主要是服务于饭店工程项目总目标的控制，重点是合同结构的策划，建立科学的合同结构，以便对合同进行有序的管理。要避免产生相互矛盾、脱节和混乱失控的项目管理状态。饭店工程项目合同管理的重点是支付条款、项目质量目标和进度目标。

由于合同管理需要大量的法律知识，同时还要有非常专深的饭店经营知识，所以，饭店的合同制定要由专业的合同管理人员或委托专业咨询机构承担。

3.1.2　合同中主要专业名词说明

饭店工程项目合同中主要专业名词的说明如表 1-3-1 所示。

表 1-3-1　饭店工程项目合同中主要专业名词说明

专业名词	说　明
合同	合同是平等主体的自然人、法人、其他组织之间设立、变更、终止民事权利和义务关系的协议
法人	法人是具有民事权利能力和民事行为能力，依法独立享有民事权利和承担民事义务的组织
法人代表	法人代表是指依法代表法人行使民事权利，履行民事义务的主要负责人
法人应具备的条件	依法成立；有必要的财产或经费；有自己的名称、组织机构和场所；能够独立承担民事责任
自然人	自然人（公民）是指从出生时起到死亡为止，具有民事权利能力，依法享有民事权利，承担民事义务的人

饭店工程管理

HOTEL

44

专业名词	说　明
其他组织	其他组织是经合法成立、有一定的组织机构和财产，但又不具备法人资格的组织。包括个人独资企业（个人业主制企业）、合伙制企业、领取我国营业执照的不具有法人资格的中外合作经营企业、外资企业、分支机构等
合同主体（当事人）	合同主体是指签订合同的各方，主体可以是法人、自然人和其他组织
标的	合同标的是当事人双方的权利、义务共指的对象，标的是合同必须具备的条款。例如，工程承包合同，其标的是完成工程项目
标的的数量和质量	标的的数量一般以度量衡作为计算单位，以数字作为衡量标的的尺度；标的质量是指质量标准、功能、技术要求、服务条件等
合同价金	合同价金是为取得标的（产品、劳务或服务）的一方向对方支付的代价，作为对方完成合同的补偿。合同中应写明价金数量、支付方式、支付方法、结算程序
合同期限和履行的地点	合同期限是指从合同生效到合同结束的时间。履行地点是指合同标的物所在地，如以工程为标底的合同，其履行地点是工程计划文件所规定的工程所在地
违约责任	违约责任是合同一方或双方因过失不能履行或不能完全履行合同责任，侵犯另一方经济权利时所应负的责任
债	债是指特定人之间为一定行为（作为）或不为一定行为（不作为）的民事法律关系
债权	债权是指在债的关系中，债权人要债务人为一定行为或不为一定行为的权利
债务	债务是指在债的关系中，债务人向债权人承担为一定行为或不为一定行为的义务
债权人	债权人是指在债的关系中，有要求他的债务人，为一定行为或不为一定行为的权利的人
债务人	债务人是指在债的关系中，有被他的债权人要求为一定行为或不为一定行为的义务的人
要约邀请	要约邀请是希望他人向自己发出要约的意思表示（寄送的价目表、拍卖公告、招标公告、招股说明书、商业广告等）
要约	要约是希望和他人订立合同的意思表示（发价、报价等）
承诺	承诺是受要约人同意要约的意思表示（中标通知书）
违约金	如果当事人一方违约，须付给当事人另一方违约金（不管违约行为是否造成对方损失），以这种手段对违约方进行经济制裁，对企图违约者起警戒作用。违约金的数额应在合同中用专门条款详细规定
赔偿金	赔偿金是指当事人一方，因其违约行为给对方造成损失时，为了补偿违约金不足部分而支付给对方的一定数额的货币

专业名词	说　明
保证	保证是合同当事人一方为了确保履行合同，要求对方由第三者作保证人担保。这是从属于当事人之间主合同的一种担保合同，其有以下特征：①当被保人违约，保证人有义务代为履行他的合同责任；②当保证人代被保人履行义务后，有权要求被保人偿还；③保证人只对他保证的经济合同负责
定金	定金是一种担保方式，其法律特征是：如给付定金一方不履行约定义务则无权收回定金，收取定金一方不履行约定义务则双倍返还定金
抵押	抵押是指当事人一方或第三者为履行合同向对方提供的财产保证。接受财产保证的一方被称为抵押权人。当负有合同义务的一方不履行合同义务时，抵押权人可依据法律，从变卖抵押物所得的价款中优先得到清偿；如果变卖抵押物的价款不足清偿全部债务时，抵押权人有权要求对方补足不足部分。当然，剩余部分应退还给抵押人
不可抗力	不可抗力是指当事人之间在订立合同时不能预见，对其发生和后果不能避免并不能克服的事件
合同的法律事实	合同事件是指不依当事人主观意志为转移的，能导致合同关系发生、变更、消灭的一切客观情况和现象（如不可抗力事件、国家政策调整或计划的变更等）
	合同行为是指能在合同双方权利、义务关系上引起一定法律后果的行为，主要包括行政机关的行政行为、仲裁机关的仲裁行为、司法机关的司法行为、合同当事人双方的法律行为等
	意思表示：①明示是指当事人以积极行为所作的明显可知的意思表示，可分为口头形式和书面形式；②默示是无言的意思表示，可分为沉默和推定行为

3.1.3　合同有关法律约束的内容

饭店工程项目合同有关法律约束的内容如表 1-3-2 所示。

表 1-3-2　饭店工程项目合同有关法律约束的内容

有关法律约束的内容	说　明
合同的法律后果	合同的法律后果即合同的法律约束力，主要有以下内容。 （1）如需修改或解除合同，按合同签订的原则，双方协商同意，任何人无权单方修改或撤销合同 （2）因一方违约，造成对方损失，违约方应承担经济损失的赔偿责任 （3）当事人之间发生合同争执，可先通过协商、调解、仲裁，也可向法院起诉，用法律手段保护自己的权益 （4）当事人一方违约，承担赔偿责任时，如果对方要求继续履行合同，则合同仍有法律约束力，双方必须继续履行合同责任 （5）合同受到法律保护，合同以外的任何人都不得妨碍合同的签订和实施

45

HOTEL

饭店工程项目合同管理　第3章

有关法律约束的内容	说　明
有效合同	有效合同必须遵守以下规定。 （1）审查当事人是否具有合法权能，是否具有与进行的经济活动相适应的法人资格，订约人是否超越法人权限 （2）合同的内容及所确定的经济活动必须符合国家法律、法规、政策和计划要求 （3）合同的签订应具备法定的形式和手续，如公证、签证、登记或审批手续
无效合同	有下列情形之一的，属于无效合同。 （1）违反国家法律、法规、政策和计划的合同 （2）采取欺骗、威胁、强迫命令等手段及代理人与合同对方恶意通谋所签订的合同，责、权、利明显不公的合同 （3）代理人超越代理权限签订的合同 （4）违反国家利益或社会公共利益的合同 无效合同的确认归合同管理机关和人民法院
合同变更和解除的条件	（1）当事人双方同意，并不由此损害国家利益和影响国家计划的执行，并经上级主管机关批准 （2）合同依据的国家计划被修改或取消 （3）由于不可抗力因素致使合同无法履行 （4）签订合同的当事人一方由于关闭、停产、转产，而确实无法履行合同 （5）由于合同当事人一方违约，致使原签订的合同成为不必要
合同变更和解除的程序	（1）经过要约和承诺两个阶段 （2）合同受害人一方也可以单方面解除合同，但要符合法律和合同规定的条件 （3）变更或解除合同的建议和答复期可由提议一方提出或由合同规定，一般为15天左右
追究合同违约责任的条件	（1）要有不履行合同的行为 （2）主观上有错 （3）要有损害的事实，违约行为和事实之间要有因果关系，两者要有直接的、必然的并符合客观规律的联系
未履行合同应承担的责任	（1）支付违约金 （2）赔偿经济损失
合同争议的解决	合同争议的解决有以下途径 （1）协商。当事人双方在自愿、互谅的基础上，通过双方谈判达成解决争执的协议 （2）调解。在第三者参与下，以事实、合同条件和法律为依据，通过对当事人的说服，使合同双方自愿地、公平合理地达成解决协议。如果当事人一方对调解协议有反悔，则其必须在接到调解书后的15天内，向国家规定的合同管理机构申请仲裁或向法院起诉。如超过期限，调解协议必须执行

有关法律约束的内容	说　明
合同争议的解决	（3）仲裁。仲裁是合同仲裁机关对合同争执所进行的裁决。仲裁不具备法律强制性，但具有一定的行政强制性和一定的法律效力。仲裁程序通常为：①申请仲裁；②调查取证；③再一次调解；④裁决（裁决书）；⑤裁决的执行。合同当事人一方如对裁决不服，可在收到裁决书后 6 个月内，向人民法院起诉。如果当事人逾期不履行裁决书规定的责任，另一方可向人民法院申请强制执行 （4）诉讼。诉讼是通过司法程序解决争执，当事人一方不服从仲裁或协商、调解失败后，向法院直接起诉 向人民法院请求保护民事权利的诉讼时效期间为两年，法律另有规定的除外（《民法通则》135 条） 下列的诉讼时效期间为一年（《民法通则》136 条）： ①身体受到伤害要求赔偿的 ②出售质量不合格的商品未声明的 ③延付或拒付租金的 ④寄存财物被丢失或损毁的
合同的行政监督	合同的行政监督由国家的行政管理机关，如国家的各级工商行政管理局和合同双方的业务主管部门，根据行政程序和有关规定，审查合同内容，监督合同的履行。其主要内容如下 （1）对合同做事前审查 （2）对合同的订立程序和形式进行检查监督 （3）监督合同当事人全面履行合同 （4）对合同签订和实施过程中的违法行为进行监督和查处
合同的银行监督	银行通过信贷管理和结算管理，监督合同的履行。主要有以下途径 （1）通过信贷管理措施监督合同 （2）通过结算管理监督合同的履行 （3）银行协助执行已产生法律效力的判决、仲裁决议和调解决议
合同的司法监督	合同的司法监督有以下几个方面 （1）对合同进行公证。合同公证是国家公证机关根据当事人申请，按照法律程序，证明合同的真实性和合法性 （2）受理合同争执的案件。当合同当事人对合同争执不能通过协商、调解、仲裁解决时，任何一方可向人民法院提起诉讼，通过司法程序解决争执 （3）对违反法律的合同进行处理

3.1.4　合同的主要条款

《中华人民共和国合同法》第十二条规定，合同的主要条款包括：当事人的名称或者姓名和住所，合同的标的，标的的数量，标的的质量，价款或报酬，履行期限、地点和方式，违约责任，解决争议的方法等 8 项。

47

HOTEL

饭店工程项目合同管理　第 3 章

3.2 饭店工程项目合同的总体策划

3.2.1 基本概念

在饭店工程项目的开始阶段，必须对与饭店工程项目相关的合同进行总体策划。首先应确定带根本性和方向性的对整个饭店工程项目、对整个合同的签订和实施有重大影响的问题。合同总体策划的目标是通过合同保证饭店工程项目总目标的实现，主要是确定以下重大问题。

① 如何将饭店工程项目分解成几个独立的合同，每个合同有多大的范围。

② 采用什么样的委托方式和承包方式。

③ 采用什么样的合同种类、形式与条件。

④ 合同中一些重要条款的确定。

⑤ 合同签订和实施过程中一些重大问题的决策。

⑥ 饭店工程项目相关各合同在内容、时间、组织、技术上的协调等。

3.2.2 合同总体策划的重要性

合同总体策划确定的是饭店工程项目的一些重大问题，它对整个饭店工程项目的顺利实施有根本性的影响。

① 合同总体策划决定饭店工程项目的组织结构和管理体制，决定合同各方的责任、权利和工作的划分，所以对整个饭店工程项目管理产生根本性的影响。管理者通过合同委托项目任务，并通过合同实现对项目的目标控制。

② 通过合同总体策划摆正饭店工程项目过程中各方面的重大关系，防止由于这些重大问题的不协调或矛盾造成工作上的障碍，或者重大的损失。

③ 合同是实施饭店工程项目的手段。正确的合同总体策划能够保证圆满地履行各种合同，促使各种合同达到完善的协调，减少矛盾和争执，并顺利地实现饭店工程项目的整体目标。

3.2.3 饭店工程项目合同总体策划的依据

饭店工程项目合同双方（或多方）有不同的立场和角度，但有相同或相似的合同策划内容。合同策划的主要依据如下。

1. 饭店工程项目投资人方面

① 饭店投资人的资信、资金供应能力、管理水平和具有的管理力量。
② 饭店投资人的目标，以及目标的确定性。
③ 饭店投资人期望对项目管理的介入深度。
④ 饭店投资人对工程师和承包商的信任程度。
⑤ 饭店投资人的管理风格。
⑥ 饭店投资人对工程的质量和工期要求等。

2. 饭店工程项目承包商方面

① 承包商的能力、资信、企业规模、管理风格和水平。
② 承包商在本项目中的目标与动机、目前经营状况、过去同类项目经验。
③ 饭店工程项目承包企业的经营战略、长期动机，承包商承受和抗御风险的能力等。

3. 饭店工程项目方面

① 饭店工程项目的类型、规模、特点。
② 饭店工程项目技术复杂程度、技术设计准确程度。
③ 饭店工程项目工程质量要求和工程范围的确定性、计划程度。
④ 饭店工程项目招标时间和工期的限制。
⑤ 饭店工程项目的盈利性。
⑥ 饭店工程项目的风险程度。
⑦ 饭店工程项目资源（如资金，材料，设备等）供应及限制条件等。

4. 饭店工程项目环境方面

① 饭店工程项目所处的法律环境。
② 饭店工程项目市场竞争的激烈程度。
③ 物价的稳定性。
④ 饭店工程项目地质、气候、自然、现场条件的确定性等。
⑤ 饭店工程项目资源供应的保证程度。
⑥ 饭店工程项目获得额外资源的可能性。

3.2.4 饭店工程项目合同总体策划过程

通过合同总体策划，确定饭店工程项目合同的一些重大问题，对饭店工程项目的顺利实施，对总目标的实现有决定性作用。上层管理者对合同总体策划应有足够的重视。饭店工程项目合同总体策划过程如下。

① 研究饭店的战略和本饭店工程项目战略，确定饭店和本饭店工程项目对合同的要求。由于合同是实现饭店工程项目目标和饭店企业要达到目标的手段，所以其必须体现和服从饭店企业和本饭店工程项目战略。

② 确定饭店工程项目合同的总体原则和目标。

③ 分层次、分对象对饭店工程项目合同的一些重大问题进行研究，列出可能的各种选择，按照上述策划的依据，综合分析各种选择的利弊得失。

④ 对饭店工程项目合同的各项重大问题作出决策和安排，提出合同措施。在合同策划中有时要采用各种预测、决策方法，风险分析方法，技术经济分析方法，如专家咨询法、头脑风暴法、因素分析法、决策树、价值工程等。

⑤ 在饭店工程项目实施过程中，开始准备每一个合同招标时，以及准备签订每一份合同时，都应对合同策划再作一次评价。

3.3 饭店工程项目合同发包形式

饭店工程项目在招标前必须首先决定将一个完整的项目分为几个包。分包可以采用分散平行（分阶段或分专业工程）承包的形式，也可以采用总承包的形式。

3.3.1 平行承发包方式

平行承发包方式也称为"分别承发包方式"，如图 1 - 3 - 1 所示，这是根据饭店工程项目建设的实际需要把饭店工程项目的某一任务分别委托给多家承包单位。此时，各承包单位之间的关系是平行的；但目前的法规规定，不得肢解发包。

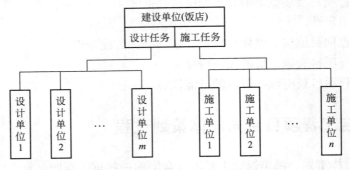

图 1 - 3 - 1 平行承发包方式示意图

3.3.2 总分包方式

《中华人民共和国建筑法》第二十四条明确规定：提倡对建筑工程实行总承包，禁止将建筑工程肢解发包。同时还规定：不得将应由一个承包单位完成的建筑工程肢解成若干部分发包给几个承包单位。

1. 建筑法规定的总承包方式

1）全过程总包方式

全过程总包方式即将建筑工程的勘察、设计、施工、设备采购一并发包给一个工程总承包单位进行总承包。我国建设项目总承包有两种形式：一种是设计单位进行工程建设总承包，这是自 1987 年开始试点的，国家计划委员会、财政部、中国建设银行、原国家物资部于 1987 年 4 月 20 日发布的《关于设计单位进行工程建设总承包试点有关问题的通知》；另一种是由施工企业进行工程建设总承包，建设部于 1992 年 4 月 3 日发布了《工程总承包企业资质管理暂行规定（试行）》。

2）单项总承包方式

单项总承包方式即将建筑工程勘察、设计、施工、设备采购的一项发包给一个工程总承包单位。

3）多项总承包方式

多项总承包方式即将建筑工程勘察、设计、施工、设备采购的多项发包给一个工程总承包单位。

2. 国际上现有的总承包方式

1）全项总承包（以集团公司为主）

全项总承包也即全过程总承包，包括前期开发管理、融资管理、方案设计、施工、分包和后期管理等。

2）管理型总承包

管理型总承包也即 CM 管理（Contract Management）。这种总承包管理主要以管理公司为主。建筑工程设计方案可以委托有设计能力的设计院完成，施工可以委托有综合能力的施工单位进行总包，总包下面再进行分包。

3）施工总承包

施工总承包是以施工单位为主，工程主体必须由施工承包单位自己完成。

4）设计总承包

设计总承包是具有相应资质的设计单位对负责设计的工程从方案的初扩直到施工图设计实施全面设计的承包方式。

3.3.3 饭店工程项目招标方式的确定

饭店工程项目招标方式有公开招标、邀请招标。各种招标方式有其特点及适用范围，一般要根据承包形式、合同类型、饭店投资人所具有的招标时间、饭店投资人的项目管理能力和期望控制项目的程度等决定。

1. 公开招标

公开招标饭店投资人的选择范围大，承包商之间充分平等竞争，有利于降低报价，提高饭店工程项目质量，缩短工期，但招标期较长。饭店投资人有大量的管理工作，如需要准备许多资格预审文件和招标文件，资格预审、评标、澄清会议工作量大，且必须严格认真，以防止不合格承包商混入。不限对象的公开招标会导致许多无效投标，造成大量时间、精力和金钱的浪费。在这个过程中，严格的资格预审是十分重要的。

2. 邀请招标

饭店投资人根据饭店工程项目的特点，有目标、有条件地选择几个承包商，邀请他们参加工程的项目竞争，这是国内外经常采用的一种招标方式。采用这种招标方式，饭店投资人的事务性管理工作较少，招标所用的时间较短、费用低，同时饭店投资人可以获得一个比较合理的价格。

3.3.4 合同种类的选择

合同种类主要是按计价方式划分的合同类型，饭店工程项目多次性计价如图 1-3-2 所示。

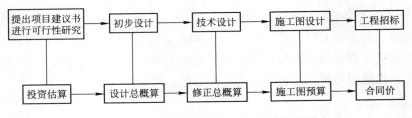

图 1-3-2 饭店工程项目多次性计价示意图

不同计价方式合同类型的比较如表 1-3-3 所示。

表 1-3-3　不同计价方式合同类型的比较

合同类型	总价合同	单价合同	成本加酬金			
			百分比酬金	固定酬金	浮动酬金	目标成本加奖罚
应用范围	广泛	广泛	有局限性			酌情
业主对投资控制	易	较易	最难	难	不易	有可能
承包商风险	风险大	风险小	基本无风险		风险不大	有风险

3.4　饭店工程项目招投标

3.4.1　招投标的有关法律、法规

　　饭店工程项目在进行设备采购和设计、施工等的单位、队伍选择过程中，按照国家建设管理的有关法律、法规，应采取招标的方式确定有关供货单位和施工队伍。招投标活动必须遵守的原则是：公开、公平、公正和诚实信用。

　　公开是指信息、开标的程序、评标的标准和程序、中标的结果公开。公平、公正是指要严格按照公开的招标条件和程序办事，同等地对待每一个投标竞争者。诚实信用是指不得有欺骗、背信的行为。这是招标民事活动的基本准则。

　　我国现在已经正式颁布了《中华人民共和国招标投标法》（以下简称《招标投标法》），应该作为饭店工程项目管理过程中，对于施工队伍、设备采购供货单位选择的基本法律依据。

1. 招标投标法的适用范围和调整对象

　　《招标投标法》第二条对本法适用范围和调整对象作了规定。

　　1）法律的适用范围

　　法律的适用范围也称法律的效力范围，包括法律的时间效力、法律的空间效力，以及法律的对人效力。《招标投标法》第二条规定的本法适用的地域范围（空间效力范围）是中华人民共和国境内，即中华人民共和国主权所及的全部领域内。当然，按照我国香港、澳门两个特别行政区基本法的规定，只有列入这两个基本法附件三的法律，才能在这两个特别行政区适用。对人效力，即对自然人、法人、其他组织。时间效力，即法律生效和失效的时间。

HOTEL

2) 法律的调整对象

《招标投标法》以招标、投标活动中的关系为调整对象。凡在我国境内进行的招标、投标活动，无论是属于《招标投标法》第三条规定的强制招标项目，还是属于第二条由当事人自愿采用招标方式进行采购的项目，其招标、投标活动均适用本法。有关招标、投标的规则和程序的强制性规定及法律责任中有关行政处罚的规定，主要适用于法定强制招标的项目。

《招标投标法》规定了法定强制招标的项目。按照《招标投标法》第三条的规定，法定强制招标项目的范围有两类：一类是本法已明确规定必须进行招标的项目；另一类是依照其他法律或国务院的规定必须进行招标的项目。

《招标投标法》明确规定必须进行招标采购的项目，为第三条第一款和第二款规定范围内的项目，即有关的工程建设项目，包括项目的勘察、设计、施工和监理，以及与工程建设项目有关的重要设备、材料等的采购。这里的"工程建设项目"，是指各类土木工程的建设项目，既包括各类房屋建筑工程项目，也包括铁路、公路、机场、港口、矿井、水库、通信线路等专业工程项目。

属于下列情形之一，才属于《招标投标法》规定必须进行招标的项目。

① 大型的基础设施、公用事业等关系社会公共利益、公众安全的项目。所谓基础设施，是指为国民经济各行业发展提供基础性服务的铁路、公路、港口、机场、通信等设施；公用事业是指为公众提供服务的自来水、电力、燃气等行业。按照本条规定，对于大型基础设施和公用事业项目，无论其建设资金来源如何，都必须依照本法规定进行招标、投标。

② 全部或部分使用国有资金或国家融资的项目。

③ 使用国际组织或外国政府贷款、援助资金的项目。

饭店工程项目应该属于必须进行招标的项目。

3.4.2 饭店工程项目招标

1. 饭店工程项目招标人的招标主体

根据《招标投标法》第八条的规定，招标人是依照本法规定提出招标项目、进行招标的法人或其他组织。首先，招标人是提出招标项目、进行招标的人。所谓"招标项目"，即采用招标方式进行采购的工程、货物或服务项目。

因此，饭店工程项目的招标主体是具有独立法人资格的"饭店投资公司或饭店项目管理公司"。

2. 饭店工程项目招标项目的审批

《招标投标法》第九条第一款规定，招标项目按照国家有关规定需要履行项目审批手续的，应当先履行审批手续，取得批准。拟招标的项目应当合法，这是开展招标工作的前提。依据国家有关规定应批准而未经批准的项目，或者违反审批权限批准的项目均不得进行招标。在项目审批前擅自开始招标工作，因项目未被批准而造成损失的，招标人应当自行承担法律责任。

因此，饭店工程项目在开始招标前，必须获得当地建设管理单位的立项审批手续，并且在当地招标管理部门备案公示。

3. 饭店工程项目招标人必须有招标项目的资金保障

饭店工程项目招标人应当有进行招标项目的相应资金或有确定的资金来源，这是饭店工程项目招标人对项目进行招标并最终完成该项目的物质保证。饭店工程项目招标人应该将资金数额和资金来源在招标文件中如实载明。

4. 饭店工程项目招标投标法规定的招标方式

招标投标作为大额采购的一种主要交易方式在国外已有多年的历史。招标活动按照不同的标准可以划分为多种形式，如按其性质划分，可分为公开招标即无限竞争性招标和邀请招标即有限竞争性招标；按竞争范围划分，可分为国际竞争性招标和国内竞争性招标；工程建设项目按价格确定方式划分，可分为固定总价项目招标、成本加酬金项目招标和单价不变项目招标等。无论哪一种招标方式，都离不开招标的基本特性，即招标的公开性、竞争性和公平性。

公开招标和邀请招标是国际上使用最为广泛的两种招标方式。《招标投标法》根据两种招标形式的特点及在我国使用的情况，除在第十一条对国家和地方重点项目采用邀请招标作了必要的限制外，允许招标人对上述两种招标方式自行选择。饭店工程项目招标可以参照这一规定实行。

5. 公开招标

《招标投标法》第十条第二款规定，公开招标是指招标人以招标公告的方式邀请不特定的法人或其他组织投标。

饭店工程项目一般采用公开招标的方式。

6. 邀请招标

《招标投标法》第十条第三款规定，邀请招标是指招标人以投标邀请书的方式邀请特定的法人、自然人或其他组织投标。

7. 饭店工程项目招投标资格审查的内容

饭店工程项目招投标资格审查通常包括以下内容。

① 饭店工程项目投标人投标合法性审查，包括投标人是否是正式注册的法人或其他组织，是否具有独立签约的能力，是否处于正常经营状态。

② 饭店工程项目对投标人投标能力的审查，包括投标人经营等级、资本、财务状况、以往业绩、经验与信誉、履约能力、技术和施工方法、人员配备及管理能力等。

8. 对投标人资格审查的方式

饭店工程项目对投标人的资格审查可以分为资格预审和资格后审两种方式。资格预审是指饭店在发出招标公告或招标邀请书以前，先发出资格预审的公告或邀请，要求潜在投标人提交资格预审的申请及有关证明资料，经资格预审合格的，方可参加正式的投标竞争。资格后审是指饭店工程项目在投标人提交投标文件后或经过评标已有中标人选后，再对投标人或中标人选是否有能力履行合同义务进行审查。

9. 招标文件的内容

根据《招标投标法》第十九条的规定，饭店工程项目招标文件应当包括下列内容。

① 应写明饭店工程项目对投标人的所有实质性要求和条件，包括：投标须知；饭店工程项目的工程建设项目说明，应包括工程技术说明书，即按照工程类型和合同方式用文字说明工程技术内容的特点和要求，通过附工程技术图纸及工程量清单等对投标人提出详细、准确的技术要求。

② 饭店工程项目招标文件中应当包括就招标项目拟签订合同的主要条款。

③ 饭店工程项目任何一种形式的招标，都应对招标项目提出相应的技术规格和标准。

3.4.3 饭店工程项目的投标

1. 投标主体

按照《招标投标法》第二十五条的规定，下述主体可以作为饭店工程项目投标人参加投标：法人、自然人（只限于科研项目）、其他组织。

2. 投标人编制投标文件的基本要求

按照《招标投标法》第二十七条第一款的规定，编制饭店工程项目投标文件应当符合下述两项基本要求。

（1）按照招标文件的要求编制投标文件

投标人只有按照饭店招标文件载明的要求编制的投标文件，方有中标的可能。

（2）投标文件应当对饭店招标文件提出的实质性要求和条件作出响应

这是指投标文件的内容应当对饭店招标文件规定的实质要求和条件（包括招标项目的技术要求、投标报价要求和评标标准等）——作出相对应的回答，不能存有遗漏或重大的偏离；否则将被视为废标，失去中标的可能。

3. 投标文件的内容

按照《招标投标法》第二十七条第二款的规定，编制饭店工程项目的投标文件，除符合编制投标文件的基本要求外，还应当包括以下内容。

（1）拟派出的项目负责人和主要技术人员的简历

这包括项目负责人和主要技术人员的姓名、文化程度、职务、职称、参加过的施工项目等情况。

（2）业绩

一般是指近3年承建的施工项目，通常应具体写明建设单位、项目名称，以及建设地点、结构类型、建设规模、开竣工日期、合同价格和质量达标情况等。

（3）拟用于完成招标项目的机械设备

通常应将投标方自有的拟用于完成招标项目的机械设备以表格的形式列出，主要包括机械设备的名称、型号、规格、数量、国别产地、制造年份、主要技术性能等内容。

（4）其他

如近两年的财务会计报表及下一年的财务预测报告等投标人的财务状况；全体员工人数特别是技术工人数量；现有的主要施工任务，包括在建或尚未开工的工程；工程进度等。

4. 投标人对饭店工程项目进行分包时应遵守的规定

所谓分包，是指投标人拟在中标后将自己中标项目的一部分工作交由他人完成的行为。分包人和总包人具有合同关系，和招标人没有合同关系。根据《招标投标法》第三十条的规定，投标人拟将中标的项目分包的，须遵守以下规定。

① 是否分包由投标人决定。

② 分包的内容为"中标项目的部分非主体、非关键性工作"。

③ 分包应在投标文件中载明。一般应载明拟分包的工作内容、数量、拟分包的单位、投标单位的保证等内容。

5. 联合体投标

所谓联合体投标，是指两个以上法人或其他组织组成一个联合体，以一个投标人的身份共同投标的行为。对于联合体投标可作以下理解。

① 联合体承包的联合各方为法人或法人之外的其他组织。形式可以是两个以上法人组成的联合体、两个以上非法人组织组成的联合体，或者是法人与其他组织组成的联

合体。

② 联合体是一个临时性的组织，不具有法人资格。组成联合体的目的是增强投标竞争能力，减少联合体各方因支付巨额履约保证而产生的资金负担，分散联合体各方的投标风险，弥补有关各方技术力量的相对不足，提高共同承担的项目完工的可靠性。如果属于共同注册并进行长期经营活动的"合资公司"等法人形式的联合体，则不属于招标投标法所称的联合体。

③ 是否组成联合体由联合体各方自己决定。

④ 联合体对外"以一个投标人的身份共同投标"。

⑤ 联合体各方均应具备相应的资格条件。由同一专业的单位资质等级的各方组成的联合体，按照资质等级较低单位确定资质等级。

6. 饭店工程项目禁止投标人以低于成本的报价竞争

《招标投标法》第三十三条规定，投标人不得以低于成本的方式投标竞争。这里所说的低于成本，是指低于投标人的为完成投标项目所需支出的个别成本。法律作出这一规定的主要目的有以下两方面。

① 为了避免出现投标人在以低于成本的报价中标后，再以粗制滥造、偷工减料等违法手段不正当地降低成本，挽回其低价中标的损失，给工程质量造成危害。

② 为了维护正常的投标竞争秩序，防止产生投标人以低于其成本的报价进行不正当竞争，损害其他以合理报价进行竞争的投标人的利益。

饭店工程项目严格禁止低于成本的投标。

3.4.4 饭店工程项目开标、评标和中标的要求

1. 开标时间和地点

按照《招标投标法》第三十四条对于开标的时间和地点所作的规定，开标应当在招标文件确定的提交投标文件截止时间的同一时间公开进行；开标地点应当为招标文件中预先确定的地点。

2. 开标主持

按照《招标投标法》第三十五条的规定，饭店工程开标应由招标人主持。招标人自行办理招标事宜的，要自行主持开标；招标人委托招标代理机构办理招标事宜的，可以由招标代理机构按照委托招标合同的约定负责主持开标事宜。对依法必须进行招标的项目，有关行政机关可以派人参加开标，以监督开标过程严格按照法定程序进行。招标人主持开标，应当严格按照法定程序和招标文件载明的规定进行，包括应按照规定的开标

时间公布开标开始；核对出席开标的投标人身份和出席人数；安排投标人或其代表检查投标文件密封情况后指定工作人员监督拆封；组织唱标、记录；维护开标活动的正常秩序等。按照《招标投标法》第三十五条的规定，招标人应邀请所有投标人参加开标。

3. 饭店工程项目开标应遵守的法定程序

① 由投标人或其推选的代表检查投标文件的密封情况。
② 经确认无误的投标文件，由工作人员当众拆封。
③ 宣读投标人名称、投标价格和投标文件的其他主要内容。
④ 提交投标文件的截止时间以后收到的投标文件，应不予开启，原封不动地退回。

4. 开标过程的记录

按照《招标投标法》第三十六条的规定，饭店工程项目开标过程应当记录，并存档备查。对开标过程进行记录，要求对开标过程中的重要事项进行记载，包括开标时间，开标地点，开标时具体参加单位、人员，唱标的内容，开标过程是否经过公证等都要记录在案。

5. 饭店工程项目评标委员会

所谓评标，是指按照规定的评标标准和方法，对各投标人的投标文件进行评价比较和分析，从中选出最佳投标人的过程。按照《招标投标法》第三十七条第一款的规定，饭店工程项目的评标应由招标人依法组建的评标委员会负责。即由招标人按照法律的规定，挑选符合条件的人员组成评标委员会，负责对各投标文件的评审工作。对于依法必须进行招标的项目，评标委员会的组成必须符合《招标投标法》第三十七条第二款、第三款的规定；对自行招标项目评标委员会的组成，招标人可以自行决定。

6. 饭店工程项目评标过程保密应采取的措施

饭店工程项目招标应当采取必要的保密措施，通常包括以下方面。
① 对于评标委员会成员的名单对外应当保密。
② 对评标地点保密。

7. 标底在评标中的作用

按照《招标投标法》第四十条第一款的规定，设有标底的应当参考标底。所谓标底，是指招标人根据招标项目的具体情况所编制的完成招标项目所需的基本概算。标底价格由成本、利润、税金等组成，一般应控制在批准的总概算及投资包干的限额内。对于超过标底过多的投标一般不应考虑，对低于标底的投标，则应区别情况。

从竞争角度考虑，价格的竞争是投标竞争的最重要因素之一，在其他各项条件均满足招标文件要求的前提下，当然应以价格最低的中标。将低于标底的投标排除在中标范围之外，是不符合国际上通行做法的，也不符合招标、投标活动公平竞争的要求。

从我国目前情况看，一些地方和部门为防止某些投标人以不正当的手段以过低的投标报价抢标，规定对低于标底一定幅度的投标为废标，不予考虑，这种作法需要通过完善招标投标制度，包括严格投标人资格审查制度和合同履行责任制度等逐步加以改变。招标投标法既考虑到招标、投标应遵循的公平竞争要求，又考虑到我国的现实情况，对标底的作用没有一概予以否定，而是采取了淡化的处理办法，规定作为评标的参考。当然，按照《招标投标法》第四十一条的规定，对低于投标人完成投标项目成本的投标报标，不应予以考虑。

8. 饭店工程项目中标人的投标应符合的条件

按照《招标投标法》第四十一条的规定，饭店工程项目中标人的投标应当符合下列条件：

① 能够最大限度地满足招标文件中规定的各项综合评价标准；

② 能够满足饭店工程项目招标文件的实质性要求，并且经评审其投标价格最低（投标价格低于成本的除外）。

9. 在确定中标人以前，饭店工程项目招标人不得与投标人就实质性内容进行谈判

按照《招标投标法》第四十三条的规定，在确定中标人以前，招标人不得与投标人就投标价格、投标方案等实质性内容进行谈判。在确定中标人以前，如果允许招标人与个别投标人就其实质性内容进行谈判，招标人可能会利用一个投标人提交的投标对另一个投标人施加压力，迫使其降低投标报价或作出对招标人更有利的让步。同时，还有可能导致招标人与投标人的串通行为，投标人可能会借此机会根据从招标人处得到的信息对有关投标报价等实质性内容进行修改。这对于其他投标人显然是不公正的。因此，法律禁止招标人与投标人在确定中标人以前进行谈判。

10. 中标通知书的法律性质

依照《招标投标法》第四十五条的规定，饭店工程项目中标人确定后，饭店工程项目招标人应当向中标人发出中标通知书。所谓中标通知书，是指饭店工程项目招标人在确定中标人后向中标人发出的通知其中标的书面凭证。招标通知书的内容应当简明扼要，通常只需告知饭店工程项目招标项目已经由其中标，并确定签订合同的时间、地点即可。公告或投标邀请书属于要约邀请，投标人向招标人送达的投标文件属于要约，而招标人向中标的投标人发出的中标通知书属于承诺。因此，饭店工程项目中标通知书发出后产生承诺的法律效力。

饭店工程项目中标通知书发出后，招标人改变中标结果或中标人放弃中标项目的，各自应承担的法律责任依照《招标投标法》第四十五条的规定，饭店工程项目中标通知书对招标人和中标人具有法律效力。饭店工程项目中标通知书发出后，招标人改变中标结果的，或者中标人放弃中标项目的，应当依法承担法律责任。中标通知书发出后，除不可抗力外，招标人改变中标结果的，应当适用定金罚则双倍返还中标人提交的投标保证金，给中标人造成的损失超过返还的投标保证金数额的，还应当对超过部分予以赔偿；未收取投标保证金的，对中标人的损失承担赔偿责任。如果是中标人放弃中标项目，不与饭店工程项目招标人签订合同的，则饭店工程项目招标人对其已经提交的投标保证金不予退还，给饭店工程项目招标人造成的损失超过投标保证金数额的，还应当对超过部分予以赔偿；未提交投标保证金的，对饭店工程项目招标人的损失承担赔偿责任。

11. 将中标结果通知未中标人

依照《招标投标法》第四十五条的规定，中标人确定后，饭店工程项目招标人应当向饭店工程项目中标人发出中标通知书，并同时将中标结果通知所有未中标的投标人。

12. 饭店工程项目招标人和饭店工程项目中标人订立合同应遵守的规定

依照《招标投标法》第四十六条第一款的规定，招标人和中标人订立招标项目的书面合同应当遵守以下规定：
① 自中标通知书发出之日起 30 日内订立书面合同；
② 不得再行订立背离合同实质性内容的其他协议。

3.4.5 饭店工程项目招标程序

1. 申请招标

饭店工程项目在进行招标之前，必须向当地建设委员会的招标管理部门（招标办公室）申请招标。招标申请应具备一定的条件，只有在获得招标批准后方可进行招标。招标条件包括以下内容：
① 饭店工程项目已经列入城市年内开发计划；
② 饭店工程项目已经获得土地使用权，已经获得《建设规划用地许可证》；
③ 饭店工程项目用地拆迁完成；
④ 饭店工程项目用地现场达到"七通一平"；
⑤ 饭店工程项目有施工图（建设招标）；
⑥ 饭店工程项目资金落实；
⑦ 饭店工程项目办理完备开工手续。

2. 编制招标文件

招标文件是饭店招标人向投标人介绍饭店工程情况和招标条件的重要文件，也是签订合同的基础。招标文件饭店投资人可以自己编制，也可以委托具有营业执照的专业咨询单位编制。对于施工合同，招标文件一般包括以下内容：

① 饭店工程项目工程综合说明；

② 饭店工程项目的招标方式及对分包单位的要求；

③ 饭店工程项目主要材料供应方式；

④ 饭店工程项目工程款支付方式及预付款比例；

⑤ 饭店工程项目合同条件及合同文本；

⑥ 饭店工程项目投标须知；

⑦ 饭店工程项目投标文件附件。

3. 编制饭店工程项目招标项目的标底

按照《招标投标法》第四十条第一款的规定，设有标底的应当参考标底。饭店工程项目可以根据招标项目的具体情况所编制的完成招标项目所需的基本概算，编制标底。标底价格由成本、利润、税金等组成，一般应控制在饭店项目所批准的总概算或投资包干的限额内。

4. 确定饭店工程项目招标方式

确定饭店工程项目是采用公开招标还是邀请招标，公开招标采用招标通告，邀请招标发招标邀请函。

5. 对饭店工程项目的投标单位进行资格审查

为了保证饭店项目的顺利进行，按照国家有关规定，应该对饭店工程项目的投标单位进行资格审查。资格审查主要是对投标单位的合法性是资质能力的审查，审查方式有资格预审和资格后审两种。

6. 对进行招标的饭店工程项目进行工程交底和答疑

为了使投标单位对所投标的项目有充分的了解，以便于科学地投标，饭店项目部应对通过了资格预审的投标单位进行工程交底和答疑。主要是对于图纸和技术等关键节点进行说明。交底和答疑可以由饭店项目的工程技术人员进行，也可以请设计单位的设计师进行。

7. 开标、评标、决标

按照《招标投标法》第三十四条对于开标的时间和地点所作的规定，饭店工程开标应当在招标文件确定的提交投标文件截止时间的同一时间公开进行；开标地点应当为招标文件中预先确定的地点。公开开标是为了表示招标的公平性，开标时所有的投标人都应到场，当场打开各投标单位的密封标书。开标应严格按照有关开标程序要求进行。

评标应由饭店选定的评标委员会进行。评标委员会专家的构成应严格按照招投标法执行。

决标也叫定标，是评标委员会在对各投标单位的标书进行充分全面论证后，最后确定饭店工程项目的中标单位。

8. 签订饭店工程所招标项目的工程合同

饭店工程项目中标通知书发出后，饭店要和中标单位在约定的期限内就签订合同进行磋商。双方在合同条款达成一致后，签订协议。

第4章
饭店工程项目组织的建立和管理

4.1 饭店工程项目组织机构原则

组织机构是按照一定的领导体制、部门设置、层次划分、职责分工、规章制度和信息系统等构成的有机体，是可以完成一定任务的社会人的结合形式。

饭店工程项目的组织和管理组织，是在饭店工程项目寿命周期内临时组建的，是一种临时性的组织机构，只是为了实现饭店工程项目这一特定目标而成立的。这个特定目标就是饭店工程项目建设的具体工作。但项目组织和项目管理组织是两个不同的概念，既互相联系，又有所区别。

饭店工程项目组织是为了完成特定的饭店工程项目任务而建立的从事项目工作任务的组织机构，主要包括负责完成饭店工程项目各项工作和任务的人、单位、部门组合的群体。有时还要包括为项目提供服务的部门，如政府机构、技术与质量鉴定部门等。

饭店工程项目管理组织是指为完成饭店工程项目管理任务而建立的从事项目管理工作的组织机构，主要包括完成项目管理工作的人、单位、部门，也就是投资人委托或指定负责整个项目管理工作的项目经理部。饭店工程项目管理组织应该包括在饭店工程项目组织之中。

为了实现饭店工程项目组织的职能，必须建立相应的项目组织系统。项目组织系统的运行程序包括组织系统的设计、组织系统的建立、组织系统的运行和组织系统的调整4个阶段。

4.1.1 饭店工程项目组织的基本结构

1. 组织层次

饭店工程项目工作主要有两种形式。

（1）专业型工作

专业型工作即完成饭店建设所必需的专业性工作，如饭店设计、建设施工、设备选择、设备安装调试等，一般由专业承包公司承担这一部分的工作。

（2）管理型工作

管理型工作如饭店工程项目的定位、立项、规划和建设手续，项目实施过程中的计划与组织协调等，这些工作主要由饭店投资人指定的项目经理部完成。

因此，饭店工程项目组织应包括以下层次。

（1）投资人

该层次是饭店项目的倡导者，位于项目组织的最高层。该层次要有全局观，关心的是项目的社会、经济和环境目标的实现。

（2）项目管理者

该层次是由项目经理领导的项目经理部，主要对投资人负责，具体实现饭店项目意图，保证饭店工程项目整体目标的实现。

（3）饭店具体项目任务的承担者

该层次主要包括设计单位、施工单位、设备供应商、技术供应商、咨询公司、监理公司等。具体执行饭店工程项目的实际工作，承担相应的责任。

2. 组织结构

饭店工程项目组织结构的建立需要首先对饭店工程项目的管理工作进行分解、策划，在对工作任务和性质进行分解策划的基础上，再进行项目管理组织机构的确定。以下是饭店工程项目组织结构建立需要的基本工作。

① 在建立项目组织结构前，需要对饭店工程项目的总目标进行分析，完成各相应阶段要完成的工作内容，明确管理层次和管理工作内容。这是建立组织结构的基础工作。

② 确定项目实施的组织策略，明确项目实施过程中的有关问题，如组织指导思想、组织结构与管理模式、项目物料供应数量和方式、人员配备等。

③ 绘制项目组织结构图，制定项目管理规范、工作流程等。

饭店工程项目组织结构建立的流程如图 1-4-1 所示。

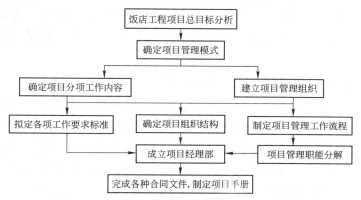

图 1-4-1　饭店工程项目组织结构建立流程图

4.1.2 饭店工程项目的组织特点及基本原则

1. 饭店工程项目的组织特点

饭店工程项目组织不同于一般的企业组织，具有饭店工程项目的特殊性。这种特殊性主要表现为项目组织行为主体的组织行为，以及控制、沟通、协调和信息流通形式的特殊性。

1）明确的目的性

由于饭店工程项目的参与者来自不同的企业单位，各自有自己的利益目标，在饭店工程项目实施过程中，必然产生总目标和各单位目标之间的矛盾。因此，项目在目标设计、组织实施和运行过程中，必须顾及不同参与群体的利益。这一点在饭店工程实施过程中表现得非常突出。例如，许多饭店投资人总喜欢做到利益最大化，在与供货方和施工单位合作中不仅要把价格压得非常低，而且在进度款和货款支付上也是能拖就拖。其结果是施工单位就以次充好，使建设质量出现问题，或者是停工等款，造成工期拖延，这些都对饭店工程项目总目标的实现造成障碍。

2）饭店工程组织结构的完整性

饭店工程项目的系统结构对项目组织结构有很大的影响，不仅决定项目组织的基本分工，而且决定项目组织结构的基本形态。饭店工程项目的组织结构要完整，如果组织结构不完整或重复繁杂，不仅会增加项目管理费用，而且会降低组织运行效率。为了顺利完成项目所有的工作任务，在饭店工程项目组织设置过程中，可依据项目结构分解设立完整的项目组织结构，并将所有的工作任务无一遗漏地落实到位，防止产生工作和任务的"盲区"。

3）组织结构具有一次性、暂时性

饭店工程项目组织结构的寿命与饭店工程项目的时间长短有关，饭店一旦建成，项目组织就会解散。这一特点对饭店工程项目组织的建立、运行、控制，以及各参与者的组织行为等均有重大影响。

4）饭店工程项目组织与企业组织之间有强烈的关联性

饭店工程项目组织的成员大多都有双重角色，既是项目组织成员，同时又是原所在企业成员。因此，这些人需要经常变换工作思维方式，以适应项目和企业的不同环境。另外，企业的管理系统与项目组织的管理系统之间也存在复杂的信息交流问题，任何信息交流的缺失都可能造成项目的失败。因此，如何协调饭店工程项目各参与企业与饭店工程项目之间的关系，是饭店工程项目成败的关键。

5）饭店工程项目组织容易受到有关部门的影响

饭店工程项目的实施要受到许多部门的制约，包括政府建设主管部门、规划主管部门、环境部门、卫生防疫部门、消防部门、能源部门等。这些部门按照有关法律、行政法规、公共准则对饭店工程项目进行不同程度的干预。还有比较极端的情况，甚至某些个人也可能成为干预的因素，而影响项目的成败。

6）饭店工程项目组织的弹性大

饭店工程项目组织与企业组织相比，可变性较大。当项目策略发生变化的时候，项目组织结构有可能随之变化。随着项目的逐步开展和完成，会有不同的人进入项目组织和退出项目组织。

7）饭店工程项目组织没有固定的企业文化

饭店有自己的企业文化，但饭店工程项目组织由于是临时性的组织，人员来自四面八方，大多是短时行为，因此，很难形成自己的企业文化。同时，每个人员由于来自不同的单位，都有各自的企业文化背景，因此协调起来很困难。这给饭店工程项目的实施和管理带来很大的问题。

8）饭店工程项目组织行政与合同关系并存

饭店工程项目组织由于其构成成分的特殊性，形成了既有饭店内部成员按照专业和职级构成的行政管理关系，又存在饭店投资人与项目完成单位之间的合同关系，这两种关系的协调和沟通方式是完全不一样的。在进行饭店工程项目管理时，经常会由于管理角色变化的不及时，造成沟通的误会而引起冲突。例如，许多项目经理经常以对自己下级的管理方式命令和强制合同单位，以自己的意愿强加合同单位，从而造成各种纠纷，甚至诉诸法律。

2. 饭店工程项目组织的基本原则

饭店工程项目具有高投入性和高时效性特点，要实现项目的总体目标，保证项目的高效运行，必须在组织行为学的一般原则基础上，遵循以下基本原则进行组织设置和运行。

1）目标统一原则

饭店工程项目完成的基础是要求各参与单位和人员必须目标统一，也即要以饭店工程的总体目标为各单位和人员的目标，这是任何情况下都不能改变的。因此，在项目的组织设置和运行时，要求采取统一的方针和政策，采取对项目进行统一指挥的方式，不能厚此薄彼，因人定政策。例如，在工程预付款问题上，饭店要制定统一的比例，不能按照不同的单位或是关系远近而执行不同的标准，这样肯定会影响各方情绪，造成项目实施的困难。也即要求项目组织做到各方面利益的均衡。

HOTEL

2）责、权、利平衡原则

责、权、利平衡原则是市场经济活动中必须遵循的原则。由于饭店工程项目是一个错综复杂的利益关系体系，在组织设置与运行中，必须明确投资人、项目执行人、项目工作人员和项目参与单位之间的职责和权限。通过合同（包括聘用合同和委托合同）、计划、组织规则等有关文件严格加以限定，以保证各参与方的利益。对此应注意以下几点。

（1）权责对等

项目合同的任何一方，在获得某种权利的时候，必须承担相应的义务。

（2）权力制约

必须对项目组成员的权力加以制约，以防止滥用权力。

（3）权益保护

对于项目参与方的权益要进行相应的保护，必须通过合同条款、管理规范、奖励政策等对权益进行保护。

（4）责任到位，奖惩分明

对于任何违反合同和规章制度的行为必须加以严惩，不然就会姑息养奸，影响整个项目的运作机制。

3）实用性和灵活性原则

饭店工程项目的组织结构要随着项目的深入和完成，进行适当的调整，要适应项目的需要，不能拘泥于形式，一成不变。

4）组织制衡原则

为防止饭店工程项目组织内部出现权力的过分集中，形成"尾大不掉"的情况。项目组织必须使内部各组织的权力互相制约，保持权力的总体平衡。没有组织制衡，就可能出现权力争执和权力滥用，甚至会出现组织摩擦等现象，造成项目运作的低效率。但在进行组织制衡时也要防止出现结构复杂、程序烦琐、沟通障碍等问题。

5）政策的连续性原则

饭店工程项目运行过程中应保持政策的连续性，保持政策连续性的关键是组织人员的连续性。由于饭店工程项目包括前期、建设期和试开业期等阶段，有时各阶段的周期都比较长，甚至中间出现停顿，因此会出现项目各阶段人员的不一致性问题。这不仅会使责任体系中断，也可能造成短期行为、责任盲区和人员不负责任等问题。因此，在项目组织设置时，要保持管理的连续性。对此可以采取以下措施。

（1）实行项目总承包

由一个单位或部门全面负责项目的管理工作。这样的好处是饭店投资人只针对一个组织，而不针对任何个人。组织的灭失要比个人的灭失可能性小得多。

（2）实行项目承包责任制

饭店工程项目一般实行项目经理责任制，项目经理对最终结果负责。同时，项目经理的经济效益也与项目的最终结果挂钩。从而保证项目成员的稳定性和连续性，加强责任心。

6）合理设置饭店工程项目组织的管理层次

管理层次的设置要本着高效率的原则，不要盲目照搬别人的模式，也不要照抄教科书。要根据组织的特点，根据饭店工程项目的特点合理安排。

一般窄跨度、多层次管理模式可使项目受到严密监控，不易出现失控现象，但会使决策慢，效率低下，使管理费用、人员配制、协调时间等大大增加。而宽跨度、少层次组织结构是在现代信息技术发达条件下采用比较多的方式。其效率非常高，管理方式以协调和沟通为主。但存在的问题是容易造成高层的权力过分集中，下级的工作积极性降低。同时，由于控制力降低，对所有人员的素质要求非常高，否则容易造成项目失控。

7）合理授权原则

合理授权是现代项目管理的特点，要鼓励项目的管理创新，必须采用分权的方式才能调动下层的积极性和创造力。但授权要适当，授权过当会造成项目失控。而不授权会大大降低项目效率，使高层陷入日常琐碎细节不能自拔。因此，合理授权是饭店工程项目管理的重要问题。

① 按照所完成的任务和预期目标进行授权。按照职位分配、建构目标、任务、职权间的逻辑关系，订立完成效果的考核指标。

② 在分权时，要配合适当的控制手段，确定使用权力的界限。

③ 保持信息渠道的多元化，保证信息渠道的畅通，使组织的运作透明，防止失控。

④ 谨慎授权。授权要考察项目成员的组织文化、价值观念、行为准则、个性爱好等多方面素质。要多方面考察下级，合理授权，针对个人特点授权。

⑤ 宏观性的权利、投资权利、融资权利、人事权利一般不宜下放。

4.2　饭店工程项目组织形式

4.2.1　饭店工程项目管理模式

1. 平行分包模式

平行分包模式是饭店将工程项目中各分项工作，如勘察、设计、设备供应、土建、装修、监理等分别委托不同的承包商完成。饭店投资人直接向这些单位发包，这些单位也直接对饭店投资人负责。各承包商之间没有任何关系。

这种管理模式的特点如下。

① 饭店投资人会有大量的管理和协调工作，要求饭店的项目管理人员有相当高的专业素质。由于饭店投资人充当的是总协调人的角色，而饭店工程项目实施中各队伍之间有许多的交叉作业，其管理和协调难度是相当大的，如有不慎就可能造成窝工、返工等事故。并且各项目执行单位之间的争执较多，索赔也会较多。

② 由于饭店工程项目的承包商过多，会造成管理费用增加（因为饭店投资人需要更多的管理人员），严重时会造成总投资增加和工期延长。

③ 饭店投资人可以分阶段进行招标，集中力量按工程顺序解决问题，因此在质量控制上能有较好的表现。

④ 饭店工程项目实施的计划和界限明显清晰，各承包商的责任明确。如果饭店投资人选用项目管理专家进行项目操作管理，可以比较好地实现项目目标。如果由非专业人士进行项目管理，则很可能使项目陷入混乱。

2. 总承包模式

1）我国的总承包方式

我国建筑法鼓励采用总承包方式。建筑法规定的总承包方式有以下 3 种。

（1）全过程总包方式

将建筑工程的勘察、设计、施工、设备采购一并发包给一个工程总承包单位进行总承包。我国建设项目总承包有两种形式：一种是设计单位进行工程建设总承包，这是自1987 年开始试点的，国家计划委员会、财政部、中国建设银行、原国家物资部于 1987 年 4 月 20 日发布的《关于设计单位进行工程建设总承包试点有关问题的通知》；另一种是由施工企业进行工程建设总承包，建设部于 1992 年 4 月 3 日发布了《工程总承包企业资质管理暂行规定（试行）》。

（2）单项总承包方式

将建筑工程勘察、设计、施工、设备采购的一项发包给一个工程总承包单位。

（3）多项总承包方式

将建筑工程勘察、设计、施工、设备采购的多项发包给一个工程总承包单位。

2）国际总承包方式

国际上现有的总承包方式可分为以下 4 类。

（1）全项总承包

全项总承包以集团公司为主，也即全过程总承包，包括前期开发管理、融资管理、方案设计、施工、分包和后期物业管理。

（2）管理型总承包

管理型总承包简称 CM 管理（Contract Management）。这种总承包管理主要以管理公司为主，建筑工程设计方案可以委托有设计能力的设计院完成，施工可以委托有综合能力的施工单位进行总包，总包下面再进行分包。

（3）施工总承包

施工总承包以施工单位为主，工程主体必须由施工承包单位自己完成。

（4）设计总承包

设计总承包是具有相应资质的设计单位对负责设计的工程从方案的初扩直到施工图设计实施全面设计的承包方式。

3）总承包方式的优点

饭店工程项目采用总承包方式有以下优点。

① 减少饭店投资人直接面对的承包商数量，使投资人可以有充分的时间考虑项目的总体问题。

② 总承包商可以将整个饭店工程项目管理形成一个统一的系统，这样可以大大降低管理费用，方便协调和控制。同时由于减少了管理层次，可以提高工作效率，避免中间环节，缩短工期。

③ 饭店投资人将责任转移给总承包商，饭店工程项目的争执减少、索赔减少。

④ 由于总承包商的责任重大，所以饭店投资人在选择总承包商的时候必须选择资信好、实力强、能适应全方位工作的总承包商。而不能只是图便宜，选择实力不强的小公司，否则，饭店工程项目将会陷入失控状态。这能对饭店工程项目的质量起到保证作用。

4.2.2　饭店工程项目的组织形式

饭店工程项目的组织形式主要有寄生式组织形式、直线式组织形式和矩阵式组织形式。每种形式各有特点，分别适用于不同的饭店工程项目类型。

1. 寄生式项目组织形式

寄生式项目组织形式是指饭店工程项目经理部隶属于饭店的总体组织架构，是饭店的一个部门。其人员都来源于饭店内部，受饭店组织形式的制约和控制。项目经理可能是饭店高层领导，也可能是原饭店的工程部经理。这种组织形式是一种弱化的项目组织形式，其特征如下。

① 项目的组织功能和作用很弱，项目经理仅仅是一个联络小组的领导，对项目目标不承担责任。要求项目经理有很高的协调能力和社会关系。

② 项目成员都是原饭店人员，都是兼职的，不需要有组织规则。出现矛盾多以饭

店组织进行协调。

③ 项目组织人员应与原部门在建设期停止关系，原部门领导不能随意干涉项目运作。因此，寄生式组织形式适合小规模的项目，如饭店内部改造项目。

2. 独立式项目组织形式

独立式项目组织形式仍然是企业内部的一个项目组织，但其运作类似独立的公司。项目成员完全脱离职能部门；项目经理是专职的，对项目有完全的权力，不需要改变思维方式。项目经理部与其他部门平行，实施项目的资源，如人员、物质、财务等由项目经理全权指挥。项目经理承担项目责任。

独立式项目组织形式适合于新建饭店等大型项目。

3. 直线式项目组织形式

直线式项目组织形式是参照房地产开发组织模式的一种组织形式，如图 1 - 4 - 2 所示。

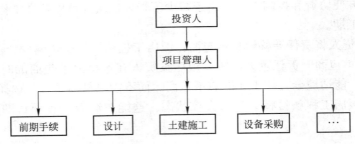

图 1 - 4 - 2　直线式项目组织结构示意图

此种组织结构形式参与者的工作任务、责任、权利明确，信息流通快，决策迅速，容易控制。要求项目经理责任心强、能力强、知识全面，要求对饭店设备很清楚而不能只是对土建工程熟悉。

对于饭店工程项目组织形式的选择，要根据项目自己的特点，选择最适合自己情况的组织形式。一般来说，寄生式项目组织形式适合于小型简单的项目，饭店设备大修性项目、改造性项目多采用这种组织形式。独立式组织形式适合于中小型较为复杂的项目，一般饭店的改、扩建性项目多采用这种形式。直线式组织形式适合于大型复杂的项目，新建饭店项目一般采用这一组织形式。

4.2.3　饭店工程项目管理组织的工作内容

在饭店工程项目的建设期可以分成几个阶段，每个阶段都有相应的工作内容。

1. 前期策划阶段

① 在市场调查的基础上，对饭店工程项目进行构思。
② 建立饭店工程项目目标系统，并加以分析说明。
③ 深入调查饭店工程项目的投资环境、资源等问题。
④ 提出实施饭店工程项目的具体建议和计划。
⑤ 提出饭店工程项目财务建议和计划。
⑥ 提交饭店工程项目建议书。
⑦ 提交饭店工程项目可行性研究报告。

2. 设计和规划阶段

① 进行饭店工程项目选址并详细调研。
② 制定饭店工程项目规划设计。
③ 制订饭店工程项目实施计划，包括总体方案、进度表、投资预算、资金计划等。
④ 编制饭店工程项目设计任务书和设计招标文件。
⑤ 进行饭店工程项目的设计。

3. 工程招投标

① 起草饭店工程项目招标文件和合同文件。
② 进行资格预审。
③ 招标的各种事务性工作。
④ 组织开标。
⑤ 评标、出具评标报告。
⑥ 与中标单位进行合同洽谈并签署合同。

4. 饭店工程项目建设施工阶段

1）施工准备
施工准备包括现场准备、技术准备、资源准备等，参与各方面的协调。

2）质量控制
① 审核施工单位的质量保证体系和安全保证体系。
② 对设备材料采购及实施方案进行事前认定。
③ 对材料、设备进行现场检查验收。
④ 对工程施工过程进行质量监督、中间检查。
⑤ 处理施工中的质量问题。

⑥ 对已完工程验收,组织整个工程验收。

⑦ 组织设备的安装调试和移交。

⑧ 为饭店投入使用做准备,如编制使用手册、维修手册、人员培训等的运行准备工作。

3) 进度控制

① 审核施工单位的实施方案和进度计划。

② 监督项目各参与单位的计划完成情况。

③ 遇突发情况,修改进度计划。

④ 处理工期索赔。

4) 投资控制

① 对已完工程进行工程量测算和费用计算核对。

② 控制项目内部和外部费用支出。

③ 下达处理各种形式工程变更文件,决定是否变更价格。

④ 处理费用索赔。

⑤ 审查、批准进度付款,准备竣工结算,提出结算报告。

5) 合同管理

① 解释合同,确保项目参与人员熟悉和理解合同,遵守合同。

② 对各种合同文件进行审核和管理。

③ 审查承包商的分包合同、批准分包单位。

④ 调节承包商之间的关系。

6) 信息管理

① 建立饭店工程项目信息管理系统,并保证其有效运行。

② 收集饭店工程项目实施过程中的各种信息,并予以保存。

③ 起草并保存各种文件及其范本。

④ 向承包商发布图纸及相关指令。

⑤ 向上级及有关部门提交报告。

7) 组织协调

① 促进饭店工程项目经理部的正常工作,积极解决出现的各种问题。

② 协调饭店工程项目各参与单位的利益和责任,调解各方的争执。

③ 向投资人或饭店领导汇报项目状况。

④ 组织协调会。

5. 饭店工程项目后期管理

① 进行项目建设总结,提交项目总结报告。

② 进行项目成本核算，进行财务审计。

③ 进行项目后评估。

④ 总结项目经验教训。

4.2.4 饭店工程项目的项目经理部

饭店工程项目应该设立项目经理部。项目经理部要求结构健全，能包容项目所有的工作，同时要求其成员的专业能力和综合素质比较高。在成立饭店项目经理部时，一般要考虑保持最小规模原则，人员和部门设置要精干、简单。

项目经理是项目经理部的核心，是投资人或饭店企业在饭店工程项目上的全权委托代理人。饭店企业或投资人在选择项目经理时，应注重对其项目经历、经验和能力进行严格的审查。由于现代饭店工程项目要求的知识结构、能力和素质极高，一般纯粹的工程技术人员或专家是不能胜任项目经理工作的。这是饭店企业或投资人在选择项目经理时经常容易犯的一个错误。对饭店工程项目的项目经理应该具有以下要求。

1. 素质要求

① 具有良好的职业道德，具有高度的敬业精神。

② 应具有创新精神，有强烈的管理欲望，勇于承担责任和风险，努力追求工作完美。

③ 为人诚实可靠，讲究信用，有敢于承担错误的勇气，言行一致，办事公正。

④ 任劳任怨，忠于职守。

⑤ 具有合作精神和团队意识，能与他人共事，能公开、公平、公正地处理事务。

⑥ 具有很高的社会责任感和道德观念，具有全局观念。

2. 能力要求

① 具有较强的综合能力。应具备很好的专业技能，具备发现问题、提出问题、从容处理突发事件的能力。具有对复杂问题的抽象能力和抓住关键问题的能力。能预见问题，事先估计到各种需要。最重要的是，对项目开发过程和工程技术系统有成熟的理解。

② 具有很强的处理人事关系的能力。要能采取有效的激励机制，提高组织成员的积极性，努力充当激励者、教练、气氛活跃者、维和人员和冲突裁决人的角色。

③ 具有较强的语言表达能力和谈判技巧。

3. 知识要求

① 首先要具备丰富的管理知识和经验。

② 要具备大学以上的专业教育，一般应是工程专业出身。

③ 懂政策法规。

④ 最好受过项目管理的专门培训和再教育。

饭店项目管理知识体系如图 1-4-3 所示。

HOTEL

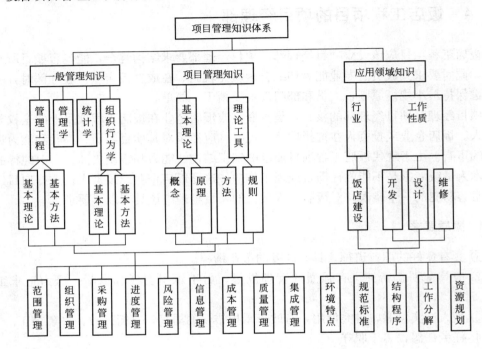

图 1-4-3　饭店项目管理知识体系

第5章
饭店工程项目评估及投资测算

5.1 饭店工程项目经济评价

饭店工程项目经济评价主要是指在项目决策前的可行性研究和评估中，采用现代经济分析方法，对饭店工程项目的投入产出等诸多经济因素进行调查、预测、研究、计算和论证，比较、选择出最佳方案的过程。评价结论是饭店工程项目决策的重要依据。经济评价是饭店工程项目可行性研究和评估的核心内容，其目的是力求在允许的条件下，使饭店工程项目获得最佳的经济效益。

饭店工程项目评价分为财务评价和国民经济评价两方面。财务评价是指从饭店工程项目或饭店投资企业财务角度出发，根据国家现行的财税制度和价格体系，分析、预测饭店工程项目投入的费用和产出的效益，考察饭店工程项目的财务盈利能力、清偿能力，以及财务外汇平衡等状况，据以判断饭店工程项目的财务可行性。国民经济评价主要是考察饭店工程项目的经济合理性和宏观可行性。除非是国家投资的饭店项目或是特别大型的饭店项目，饭店工程项目一般只作财务经济评价。

饭店工程项目经济评价一般采用基本报表和辅助报表两类。

基本报表有现金流量表（全部投资）、现金流量表（自有资金）、损益表、资金来源与运用表、资产负债表、财务外汇平衡表等。

辅助报表有固定资产投资估算表、流动资金估算表、投资计划与资金筹措表、固定资产折旧费估算表、无形与递延资产摊销估算表、总成本费用估算表、产品销售收入和销售税金及附加估算表、借款还本付息计算表等。

5.1.1 经济评价指标的分类

1. 按评价指标所反映的经济性质划分

饭店工程项目的经济性一般表现在饭店工程项目的投资回收速度、投资盈利能力和资金使用效率 3 个方面。与此对应，可将评价指标划分为时间性评价指标、价值性评价指标和比率性评价指标。

时间性评价指标是指用时间的长短来衡量饭店工程项目的投资回收或清偿能力的指标，常用的时间性评价指标有静态投资回收期、动态投资回收期等。

价值性指标是指反映饭店工程项目投资的净收益绝对量大小的指标，常用的价值性评价指标有净现值、净年值、净终值、累计净现金流量等。

比率性评价指标是指反映饭店工程项目单位投资获利能力或饭店工程项目对贷款利率的最大承受能力的指标。常用的比率性指标有简单投资利润率、投资利润率、投资利税率、内部收益率、外部收益率、净现值率、费用效益比率等。

2. 按评价指标是否考虑资金的时间价值划分

饭店工程项目经济评价指标按是否考虑资金的时间价值，可以划分为静态评价指标和动态评价指标两大类。

静态评价指标是指不考虑资金时间价值的评价指标，如静态投资回收期、简单投资收益率、投资利润率等。静态评价指标的特点是计算简便、直观、易于掌握，传统的经济评价多采用这种方式。静态评价指标的缺点是反映项目投资经济效益不准确，容易导致资金的积压和浪费。

动态评价指标是指考虑资金的时间价值的指标，如动态投资回收期、净现值、内部收益率、费用效益比率等。动态投资指标需要的数据和资料多，计算较复杂。

3. 按考察的投资范畴划分

按所考察的投资范畴不同，经济评价指标可分为考察全部投资经济效益的评价指标、考察总投资经济效益的评价指标、考察自有资金投资经济效益的评价指标 3 种。

全部投资是指饭店工程项目实施时固定资产投资与流动资产投资之和。在全部投资经济评价中，不区别资金来源的不同，假设全部资金都是自有资金，且以饭店工程项目本身系统进行评价，借以考察全部投资的经济性，如投资的盈利能力、回收能力和抗风险能力等。此评价指标适合投资前期研究的目标和投资决策需要。前述的投资回收期、净现值、内部收益率等都属于此类。

总投资是指饭店工程项目实施时固定资产投资、流动资产投资和建设贷款利息三者之和。总投资经济评价是在全部投资经济评价的基础之上，考虑资金来源、资金成本、贷款偿还和分配等因素所进行的经济评价。常用的总投资经济评价包括投资利润率、投资利税率等。

由于投资利润率不等于银行贷款利息，当饭店工程项目全部投资利润率大于银行利息率时，可以得到贷款资金带来的利润与实际支付利息的差额的好处，可以提高自有资金的利润率。反之，将降低自有资金的利润率。

5.1.2　时间性评价指标

时间性评价指标主要是指投资回收期，包括静态投资回收期和动态投资回收期。投资回收期是反映饭店工程项目投资回收速度的重要指标，是指以饭店工程项目的净收益抵偿其全部投资所需要的时间。投资回收期在使用时要注明起算时间。

1. 静态投资回收期 （P_t）

静态投资回收期是在不考虑资金时间价值条件下，以饭店工程项目净收益抵偿项目全部投资所需要的时间。其计算公式为：

$$\sum_{t=0}^{P_t} \text{NCF}_t = \sum_{t=0}^{P_t} (\text{CI} - \text{CO})_t = 0$$

判别标准：将饭店工程项目计算求得的 P_t 与饭店行业基准投资回收期进行比较，若大于行业基准回收期则不可行，若小于行业基准回收期则可以接受该项目。

P_t 指标的意义明确、直观、计算方便，一般来说，比动态投资回收期要短。但 P_t 指标在考核饭店工程项目时，主要有以下两点不足。

① 只考虑投资回收之前的情况，不能反映投资回收后的情况，是一个短期指标。没有考虑饭店工程项目在整个计算期内的总收益和盈利水平，只适宜进行单一项目评价。

② 没有考虑资金的时间价值，无法正确辨识饭店工程项目的优劣，有时甚至会得出相反的结论。

由于上述问题，P_t 不是全面衡量饭店工程项目的理想指标，只能用于粗略评价，或者作为辅助指标与其他指标结合使用。

2. 动态投资回收期 （P_t'）

动态投资回收期（P_t'）的计算一般从投资开始年算起，是用各年的净收益的现值来回收其全部投资的现值所需要的时间。其计算公式为：

$$\sum_{t=0}^{P_t'} (\text{CI} - \text{CO})_t (1+i)^{-t} = 0$$

实际计算时，一般采用净现金流量贴现累计并结合下式计算：

$$P_t' = \frac{净现金流量贴现累计}{值开始出现正值的年份} - 1 + \frac{上年净现金流量贴现累计值的绝对值}{当年净现金流量的贴现值}$$

如果项目投资为 I，各年净现金流量为 N，寿命为 n，利率为 i，则 P_t' 为：

$$P'_t = -\frac{\ln(1 - I \times i/N)}{\ln(1+i)}$$

动态投资回收期的评价准则是：若 $P'_t < n$，考虑接受该项目；若 $P'_t \geqslant n$，考虑拒绝该项目。

5.1.3　价值性评价指标

价值性评价指标反映饭店工程项目的现金流量相对于基准投资收益率所能实现的盈利水平。最主要和最常用的价值性指标是净现值。在多项目（方案）选优中一般使用净年值。

1. 净现值（NPV）

净现值是将项目整个计算期内各年的净现金流量，按照某个给定的折现率，折算到计算期期初的现值代数和。其公式为：

$$\text{NPV}(i) = \sum_{t=0}^{n} (\text{CI} - \text{CO})_t (1+i)^{-t}$$

式中：n——计算周期数，一般为项目的寿命期；

　　　i——设定的折现率。

在饭店工程项目的经济评价中，如果 $\text{NPV} \geqslant 0$，则该项目在经济上可以接受；如果 $\text{NPV} < 0$，则在经济上应该拒绝该项目。

净现值是反馈饭店工程项目投资能力的一个重要的动态评价指标，它广泛应用于饭店工程项目经济评价中。其优点是不仅考虑了资金的时间价值，对饭店工程项目进行动态评价，而且考虑了饭店工程项目在整个寿命期内的经济状况，并且直接以货币额表示项目投资收益性的大小，明确而直观。

在计算净现值时要注意以下两点。

（1）净现金流量 NCF_t 即 $\text{CI}_t - \text{CO}_t$ 的预计

由于净现值指标考虑了技术方案在计算期内各年的净现金流量，因而 NCF_t 预测的准确性至关重要，直接影响饭店工程项目净现值的大小与正负。

（2）折现率 i 的选取

由净现值的计算公式可以看到，对于特定饭店工程项目而言，NCF_t 与 n 是确定的，此时净现值仅是折现率的函数，称为净现值函数。选取不同的折现率，将导致同一技术方案净现值大小不一样，进而影响经济评价结论。折现率的选择一般有以下 3 种形式。

① 选择社会折现率 i_s。一般 i_s 是已知的，这是在其他折现率不能确定的情况下

采用。

② 选择行业基准折现率 i_c。

③ 选择计算折现率 i_o。则：

$$i_o = i_{o1} + i_{o2} + i_{o3}$$

式中：i_{o1}——仅考虑时间补偿的收益率；

i_{o2}——考虑社会平均风险因素应补偿的收益率；

i_{o3}——考虑通货膨胀因素应补偿的收益率。

使用计算收益率将使 NPV 更接近客观实际，但其计算比较困难。

2. 净年值（NAV）

净年值也称净年金，是把饭店工程项目寿命周期内的净现金流量以设定的折现率为中介，折算成与其等值的各年年末的净现金流量值。

饭店工程项目求净年值，可以先求项目的净现值，然后乘以资金回收系数进行等值变换求得，即：

$$NAV(i) = NPV(i)(A/P, i, n)$$

用净现值 NPV 和净年值 NAV 对饭店工程项目进行评价，结论是一致的。因为，当 NPV≥0 时，NAV≥0；当 NPV<0 时，NAV<0。就饭店工程项目评价而言，要计算 NAV，一般要先计算 NPV。因此，饭店工程项目一般多采用净现值。但在对饭店寿命不相同的多个互斥方案进行选优时，净年值要比净现值有更简便的方面。

5.1.4 比率性评价指标

1. 净现值率

净现值指标用于多方案比较，虽然能反映每个方案的盈利水平，但是由于没有考虑各方案投资额的大小，因而不能直接反映资金的利用效率。为了考察资金的利用效率，可以采用净现值率指标作为净现值的补充指标。净现值率反映了净现值与投资现值的比较关系，是多方案评价与选优的一个重要评价指标。所谓净现值率，是按设定折现率求得饭店工程项目计算期的净现值与其全部投资现值的比率，记作 NPVR，其计算公式为：

$$NPVR = \frac{NPV}{I_p} = \frac{\sum_{t=0}^{n} (CI - CO)_t (1+i)^{-t}}{\sum_{t=0}^{n} I_t (1+i)^{-t}}$$

式中：I_p——饭店工程项目全部投资现值。

净现值率表明单位投资的盈利能力或资金的使用效率。净现值率的最大化，将使有限投资取得最大的净贡献。

净现值率的判别准则是：当 NPVR≥0 时，方案可行；当 NPVR<0 时，方案不可行。

用净现值率进行方案比较时，以净现值率较大的方案为优选方案。当对有资金约束的多个独立方案进行比较和排序时，则应该将项目按照净现值率从大到小排序，并依此次序选择满足资金约束条件的项目组合方案，使总 NPVR 最大化。

2. 投资净收益率（N/K）

投资净收益率和净现值率相似，是可以用于独立的饭店工程项目排序的指标。投资净收益率是用投资的现值和去除项目净收益的现值和。

$$NPVR = N/K - 1$$

投资净收益率指标的评价准则是：当 N/K≥1 时，从经济上可以考虑接受该项目；当 N/K<1 时，从经济上应该拒绝该项目。

3. 内部收益率（IRR）

内部收益率是一个与净现值一样被广泛使用的饭店工程项目经济评价的指标，它是使饭店工程项目净现值为零时的折现率，记作 IRR。其计算公式为：

$$\sum_{t=0}^{n} NCF_t (1 + IRR)^{-t} = 0$$

应用 IRR 对饭店工程项目进行经济评价时，若 IRR≥i_c，则饭店工程项目在经济上是可行的；若 IRR<i_c，则饭店工程项目在经济上应予以拒绝。

内部收益率是饭店工程项目对初始投资的偿还能力或项目对贷款利率的最大承受能力。一般不用于计算投资收益，也不能用于作为多个项目投资排序的依据。

内部收益率用于财务评价时，其结果称为财务内部收益率，记作 FIRR。

内部收益率的计算相当复杂，一般有人工试算法和计算机编程计算法。

用人工试算法求内部收益率，首先要设定一个初始值 r_0，将其代入净现值公式，如果此时净现值为正，则增加 r_0 值；如果净现值为负，则减少 r_0 值，直到净现值为 0 时停止。

人工计算时，通常当试算的 r 使 NPV 在零值左右摇摆且先后两次试算的 r 值之差足够小（一般不超过 5%）时，可用线形内插法近似求出 r。内插法计算公式为：

$$r = r_1 + (r_2 - r_1) \frac{NPV_1}{NPV_1 + |NPV_2|}$$

式中：r——内部收益率；

r_1——较低的试算折现率；

r_2——较高的试算折现率；

NPV_1——与 r_1 对应的净现值；

NPV_2——与 r_2 对应的净现值。

与净现值指标一样，内部收益率指标考虑了自己的时间价值，对饭店工程项目进行动态评价，并考察了饭店工程项目在整个寿命期内的全部情况。

内部收益率是由饭店工程项目的现金流量系数特征决定的，不是事先外部给定的。这与净现值、净年值、净现值率等指标需要事先设定基准折现率才能进行计算相比较，其操作困难小。因此，在饭店进行项目经济评价时，往往把内部收益率作为最主要的指标。

一般来说，内部收益率只适用于独立方案的经济评价和可行性判断，一般不用于互斥方案的比较和优选，也不能对独立项目进行优劣排序。同时，内部收益率不适用于只有现金流入或流出的项目，即非投资性项目。

与净现值指标比较来看，IRR 与 NPV 虽然都是反映饭店工程项目经济效果的主要指标，但两者有很大的不同。从形式上看，一个反映项目的绝对经济效果，一个反映项目的相对经济效果。用这两个指标评价饭店投资时，有时结论是一致的，有时却是矛盾的。这就需要根据两者的特点进行有针对性的选择。

1）从饭店工程项目的目的考虑

对新建饭店项目而言，通常希望在整个寿命周期内的盈利水平较高，并且还要与本行业的盈利状况进行比较，所以应着重考虑相对经济效果，一般优先使用 IRR 法进行评价。对于饭店改造项目或是饭店设备更新项目，人们更关心的是能否维持或增加原有的盈利水平，一般优先选用反映项目绝对经济效益的 NPV 法。

2）从指标本身特点考虑

IRR 不能反映饭店工程项目的寿命周期及其规模的不同，故不适用作为饭店工程项目优先排队的依据。而 NPV 则特别适宜互斥方案的评价。

4. 投资利润率

投资利润率是指饭店工程项目建成后的一个正常使用年份的年利润总额与项目总投资之比。其计算公式为：

$$投资利润率 = \frac{年利润总额}{总投资} \times 100\%$$

投资利润率是反映饭店工程项目投资盈利能力的静态指标，它与投资利税率和内部收益率统称为"财务三率"。在饭店工程项目评价中，计算出的投资利润率若大于或等于饭店行业的基准投资利润率，则此项目是可以接受的。

5. 投资利税率

投资利税率是与投资利润率类似的一个衡量饭店工程项目投资盈利程度的静态评价指标，是指饭店开始运营后的正常年份的年利税总额与总投资的比值。其计算公式为：

$$投资利税率 = \frac{年利税总额或年平均利税总额}{总投资}$$

在饭店工程项目的经济评价中，若计算出的投资利税率大于或等于饭店行业的基准投资利税率，则认为此项目在经济上是可以接受的。

5.1.5 经济评价指标的选择

饭店工程项目技术方案投资经济评价指标的选择，应根据技术方案的具体情况、评价的主要目标、指标的用途和决策者最关心的因素等问题来进行。由于技术方案投资的经济效益是一个综合的概念，必须从不同的角度去衡量才能清晰、全面。因此，饭店进行技术方案经济评价，应尽量考虑一个适当的评价指标体系，避免用一两个指标来判断饭店工程项目投资的经济性。

由于净现值指标反映了技术方案所获净收益的现值大小，它的极大化与饭店工程项目经济评价目标是一致的。因此，净现值指标是饭店工程项目经济评价时最常用的首选指标，并常用于检验其他评价指标。

各种评价指标的使用如下。

① 如果采用基准收益率或社会折现率作为计算折现率，则 IRR、N/K 和 NPV 等比率指标将会从备选项目中挑选出完全相同的项目以供实施。也即如果饭店工程项目有多种方案选择，那这 3 个指标的结果是一致的。因为就同一项目而言，如果 NPV $(i_c) \geqslant 0$，必有 IRR $\geqslant i_c$，$N/K \geqslant 1$。

② 上述指标均可视为饭店工程项目的筛选指标，也即按照项目"通过—不通过"原则加以运用。

③ 对于相互排斥的方案，应该使用 NPV 和 NAV 指标，不能直接使用 IRR 指标排序。

④ 对于相互独立的项目，只能用 NPVR 和 N/K 指标排序，不能直接用 IRR 指标排序。

⑤ 我国以 IRR 作为最主要的饭店工程项目评价指标，其次是 NPV 和 P_t。

各项经济评价指标的比较如表 1-5-1 所示。

表1-5-1　各项经济评价指标比较表

比较内容＼指标	净现值（NPV）	内部收益率（IRR）	投资净收益率（N/K）和净现值率（NPVR）
选择标准	按资金的机会成本贴现时，NPV≥0 的项目均可接受	IRR 大于或等于资金的机会成本的项目均可接受	按资金的机会成本贴现时，N/K≥1 或 NPVR≥0 的独立项目均可以接受
优劣评定	不能评定项目实施的先后顺序	对独立项目的优劣评定可能有错误	可用于评定独立项目的优劣排序
互斥项目	按资金的机会成本贴现时，接受 NPV 最大的备选项目，对于互斥项目，NPV 是较好的标准	不可直接使用	不能直接使用
折现率	必须确定一个适当的折现率，一般采用资金的机会成本	自己能确定，但必须确定资金的机会成本，并作为基准收益率	必须确定一个适当的折现率，一般采用资金的机会成本

5.2　饭店工程项目的不确定性分析

　　对饭店工程项目进行经济分析都是在可行性研究阶段，是对项目的预测和判断。而实际投入运营以后的情况与预测会有一定的偏差，这种偏差具有一定的不确定性。例如，投资超预算、工期延长等，这些都可能导致饭店工程项目达不到预期效果。一般情况下，饭店的经营都有很强的季节性，制订的工期计划一般都是按照饭店的旺季开业要求制订的，如果工期延误，那可能就会破坏一年的经营计划。因此，在进行饭店工程项目的经济预测时，有必要了解各种外部条件发生变化时对饭店投资的经济效果的影响，了解饭店投资方案对于外部条件变化的承受能力，这种外部条件对饭店工程项目的影响性分析称为不确定性分析。一般饭店工程项目的不确定性分析包括盈亏平衡分析、敏感性分析、风险分析等。

5.2.1　盈亏平衡分析

　　盈亏平衡分析也称量本利分析，是将成本划分为固定成本和变动成本，并假定饭店产品的产销量保持一致，根据饭店的产品、成本、售价和利润四者的关系，确定盈亏平衡点，进而评价方案的一种不确定性分析的方法。

　　饭店产品的销量、总成本费用和利润三者间存在相互依存的关系，当饭店的产品销量低于一定的"界限"，饭店就将无利可得，甚至亏损。进行盈亏平衡分析，就是要找到这个"界限"，这对于进行饭店投资的市场分析是十分重要的。如果当地的客源市场能支持饭店的客房率超过这个"界限"，那么饭店就将是盈利的，饭店开发就有投资价值。如果饭店的客房率达不到这个"界限"，那饭店投资将是失败的，没有必要进行。

1. 线性盈亏平衡分析

　　线性盈亏平衡分析是将饭店的总成本费用、销售收入设为产量的线性函数，具体有以下假设前提。

　　1）销售收入是产品数量的线性函数

$$\text{TR}(x) = px$$

式中：TR——销售收入；

　　　p——单位产品售价；

　　　x——产量。

　　2）总成本费用是产量的线性函数

$$\text{TC}(x) = F + vx$$

式中：TC——总成本费用；

　　　v——单位产品变动成本；

　　　F——总固定成本。

　　3）产量等于销量

　　由上面的假设前提，利润（未考虑税及附加）为：

$$\pi(x) = \text{TR}(x) - \text{TC}(x) = px - (F + vx)$$

令 $\pi(x) = 0$，得

$$(p-v)x = F$$

$$x^* = \frac{F}{p-v}$$

　　上式计算结果如图1-5-1所示。在图1-5-1的线性盈亏平衡分析图中，销售收入线与总成本线的交点称为盈亏平衡点（Break Even Point，BEP）。这就是饭店项目盈利与亏损的临界点，对应的产量为 x^*。

　　当考虑税及附加时，公式变为：

$$x^* = \frac{F}{p-v-t}$$

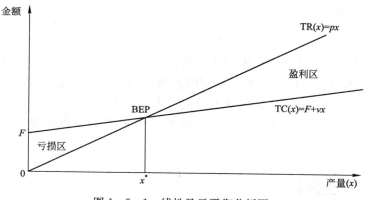

图 1-5-1　线性盈亏平衡分析图

其中，t 为单位产品税种及附加。

2. 非线性盈亏平衡分析

线性盈亏平衡分析是假设销售价格不变，非线性盈亏平衡分析是考虑价格变化的情况，这样，销售收入是产量的非线性函数，计算公式为：

$$TR(x) = a_1 x + a_2 x^2 \quad (a_2 < 0，通常 \ a_2 \ 很小)$$

总成本是产量的非线性函数，计算公式为：

$$TC(x) = F + b_1 x + b_2 x^2 \quad (b_2 > 0)$$

其中，F 表示总固定费用；x 表示产量；a_1、a_2 和 b_1、b_2 为统计常数（基于市场预测或经验数据）。

此时，利润函数为：

$$\pi(x) = TR(x) - TC(x) = a_1 x + a_2 x^2 - (F + b_1 x + b_2 x^2)$$

非线性盈亏平衡分析如图 1-5-2 所示。

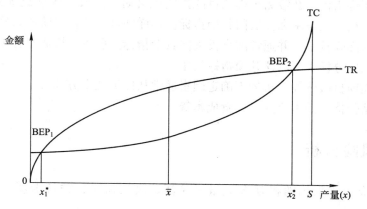

图 1-5-2　非线性盈亏平衡分析图

令 $\pi(x)=0$ 即：

$$a_1 x + a_2 x^2 = F + b_1 x + b_2 x^2$$

则可求得盈亏平衡点 BEP_1 和 BEP_2 所对应的产量 x_1^* 和 x_2^*。在这里，主要考虑的是饭店的销售量。在 BEP_1 和 BEP_2 之间的区域是盈利区域；超过 BEP_2 区域，由于饭店的工程成本或服务成本增大，饭店有可能进入亏损区域。

如果令 $a_1 + 2a_2 x - (b_1 + 2b_2 x) = 0$，则可求得最大盈利点产量 $\bar{x}$。如图 1-5-2 所示。

5.2.2 敏感性分析

敏感性分析是分析并测定各种影响因素的变化对指标的影响程度，判断指标对外部条件发生不利变化时的承受能力。

敏感性分析分单因素敏感性分析和多因素敏感性分析，在单因素敏感性分析中，设定每次只有一个因素变化，而其他因素保持不变。如果一个因素在较大的范围变化时，引起指标的变化幅度不大，则称其为非敏感性因素。如果某因素在很小的范围变化时，就引起指标很大的变化，则称其为敏感性因素。通过敏感性分析可以掌握各种因素对指标影响的重要程度，在对因素变化进行预测、判断的基础上，对项目的经济效果作进一步的判断，或者在执行中对敏感性因素加以控制，减少项目风险。

多因素敏感性分析是考察多个因素同时变化对饭店工程项目的影响程度，通过分析可以判断饭店工程项目对不确定性因素的承受能力，从而对饭店工程项目风险大小进行估计，为投资决策提供依据。

敏感性分析指标可以是饭店工程项目评价的各种指标，如净现值、净年值、投资回收期、内部收益率等。一般来说，敏感性分析指标应与经济评价指标一致，不应超出所选择的经济评价指标。在饭店工程项目的投资机会研究阶段，各种经济数据较为粗略，常使用简单的投资收益率和投资回收期指标。在详细可行性报告阶段，经济指标主要采用净现值、内部收益率，并通常配合投资回收期指标。所以，饭店工程项目的可行性研究阶段的敏感性分析主要以这几项指标为主。

饭店工程项目敏感性分析的不确定因素通常从以下几个方面选定：项目投资、项目寿命期、产品价格、销售收入、经营成本等。

5.2.3 风险分析

风险评价主要采用随机现金流量概论法、决策树法、蒙特卡罗（Monterkarlor）法等。

饭店工程项目风险分析流程如图1-5-3所示。

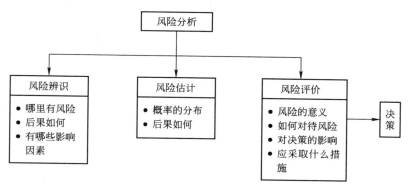

图1-5-3　饭店工程项目风险分析流程图

第二篇
饭店工程运行管理

第6章
饭店工程运行管理概述

饭店工程运行管理主要是指饭店建成后，正式开始运营阶段的工程管理，主要包括设备管理、能源管理、饭店改造等管理内容。

6.1 饭店设备管理的概念

6.1.1 饭店设备的定义

饭店设备是指饭店各部门所使用的机器、机具、仪器、仪表等物质技术装备的总称，具有长期多次使用的特性，并在会计核算中列为固定资产。

1. 饭店设备的含义

（1）饭店设备是饭店用其为饭店经营提供服务的。

（2）饭店设备的服务是指直接或间接参与提供饭店服务产品的物质资料。

（3）饭店设备不是一次性的消耗物品。

（4）饭店设备本身应具备一定的价值。

（5）并不是所有作为固定资产的有形物品都可以称为设备，如饭店的土地、建筑物等。

饭店设备种类繁多、分布广泛。对于种类繁多，据统计，饭店所使用的设备有500多种，涵盖了住宿、餐饮、购物、文化、娱乐、美容、康体、商业、办公等几乎全部人类活动所需要的设备。对于分布广泛，现代饭店已经完全依靠设备的服务来达到饭店的舒适性标准，因此，饭店的设备分散在各个部门，形成庞大的设备服务体系。

2. 饭店设备的系统划分

饭店的设备虽然达到几百种，但都可以按照其使用功能划分为各种设备系统。一般情况下，饭店设备可以划分为以下系统。

① 供电、配电系统。

② 水系统。

③ 供热系统。

④ 制冷系统。

⑤ 通风系统。

⑥ 运送系统。

⑦ 消防报警系统。

⑧ 通信系统。

⑨ 电视系统。

⑩ 音响系统。

⑪ 计算机系统。

⑫ 楼宇管理系统。

在这些系统中，包含有大量的不同设备，同时每个系统中又有独立的子系统。例如，饭店水系统包括给水系统、排水系统、中水系统、热水系统、直饮水系统等；消防报警系统包括消防水系统和消防报警系统，而消防水系统又包括消火栓系统、自动水喷淋系统等。每个设备系统都有自己系统专用的设备，如制冷系统有制冷机、冷却塔等。而在这些设备系统之外，饭店还有专业的工作设备系列，包括厨房设备系列、洗衣房设备系列、清洁设备系列、娱乐设备系列、健身设备系列、维修设备系列、办公设备系列。

因此，饭店的设备系统是一个极其庞大的体系，其包括了几乎所有的民用设备，并且都是高技术含量的设备。

6.1.2 饭店设备的特点

1. 种类繁多、分布广泛

现代饭店提供的服务是综合性服务，从传统意义上的以吃、住为主，向吃、住、行、游、购、娱综合性服务方面发展。饭店服务对于设备的要求既有共性的要求，如对于供电的要求、供水的要求、空调的要求、运送的要求等，同时，又有不同服务种类的特殊专业设备要求，如娱乐性要求需要有健身设备、康体设备、音响设备等。另外，不同等级的饭店，由于服务标准的不同，对于设备本身技术含量的要求也不一样。因此，饭店设备的种类和数量非常多。

2. 技术先进、安装隐蔽

随着社会整体技术的进步，饭店设备的技术含量也越来越高。饭店由于是以提供舒适性服务为基本要求，因此，饭店的设备基本上都是当时较为先进的。并且，由于饭店的市场竞争非常激烈，因此，必须要在自身管理和服务特色上下工夫，这样，在饭店使用大量的先进技术也是市场竞争的需要。

饭店为了安全和美观的需要，许多设备安装都是隐蔽的，如各种管线的安装等。这种隐蔽工程对于饭店的工程管理能力也提出了非常高的要求。

3. 投资额大、维持费用高

由于饭店本身服务的特殊性，可以说是资本密集型的产物，作为同样是公共建筑来说，饭店的投资额要远远高于普通的公共建筑。有统计资料表明，美国的五星级饭店的投资造价约为 150 000 美元/间客房，最高达到 250 000 美元/间客房（不包括土地成本）。我国的五星级饭店投资也达到了人民币 500 000 元/间客房左右（不包括土地成本）。而饭店设备的投资额，要占到饭店总投资额的三分之一以上，因此，饭店投资是巨大的。

饭店是高技术密集、高能耗的单位，因此，其维持费用非常高。据统计，在 20 世纪 90 年代，我国的饭店能耗要占到饭店总收入的 8%～15%。随着整个社会节能意识的增强，大量的先进节能技术的应用，现在的饭店能耗已经降低到饭店总收入的 6% 左右，但这仍然是一个非常高的数字。

4. 使用要求高、更新周期短

现代饭店设备的服务不仅是为饭店的服务提供服务，而且是直接面对客人，直接形成服务产品。因此，对于饭店的设备来说，就要求产品的生成准确无误，设备在运行过程中要保持良好的状态，具有很高的可靠性和安全性。同时，由于客人对于服务产品的要求变化快，饭店必须时刻关注市场，关注客人的需求点。也就是说，饭店设备要不断随着产品的变化而变化，这使得饭店设备的更新速度非常快，更新周期缩短。在这里，必须强调一点，饭店设备的更新并不一定是因为设备自然磨损造成的，而大多数情况下是由于技术磨损或根本是市场变化造成的，这是饭店设备管理的一个特点，值得特别关注。

6.1.3 饭店设备配置的原则

饭店设备的配置直接影响饭店产品的质量，从而决定了饭店的等级、服务水平、产品价格等。饭店设备配置有一定的原则，有章可循，饭店在进行设备配置时，都要依据一定的准则。

1. 设备配置要与饭店等级相符

饭店等级的评定是以饭店的建筑、装饰、设备和管理服务水平为依据的。我国涉外饭店星级评定现在分为六星（增加了白金五星），其中，设备、设施的评定标准是绝对的，也即必须达到足够的分值才可以评到相应的星级，这一指标是刚性的。例如，五星级饭店必须达到 420 分，四星级饭店必须达到 330 分等。以五星级饭店对于设备、设施的要求为例，进行以下具体说明。

1）饭店整体

① 功能划分合理。

② 设施使用方便、安全。

③ 内外装修采用高档、豪华材料，工艺精致，具有突出风格。

④ 饭店内公共信息图形符号符合 GB/T 10001.1 和 GB/T 10001.2 的规定。

⑤ 有中央空调（别墅式度假村除外），各区域通风良好。

⑥ 有与饭店星级相适应的计算机管理系统。

⑦ 有背景音乐系统。

2）前厅

① 面积宽敞，与接待能力相适应。

② 气氛豪华，风格独特，装饰典雅，色调协调，光线充足。

③ 有与饭店规模、星级相适应的总服务台。

④ 总服务台有中英文标志，分区设置接待、问询、结账，24 小时有工作人员在岗。

⑤ 提供留言服务。

⑥ 提供一次性总账单服务（商品除外）。

⑦ 提供信用卡服务。

⑧ 18 小时提供外币兑换服务。

⑨ 总服务台提供饭店服务项目宣传品、饭店价目表、中英文本市交通图、全国旅游交通图、本市和全国旅游景点介绍、各种交通工具时刻表、与住店客人相适应的报刊。

⑩ 可 24 小时直接接受国内和国际客房预订，并能代订国内其他饭店客房。

⑪ 有饭店和客人同时开启的贵重物品保险箱。保险箱位置安全、隐蔽，能够保护客人的隐私。

⑫ 设门卫迎接员，18 小时迎送客人。

⑬ 设专职行李员，有专用行李车，24 小时为客人提供行李服务。有小件行李存放处。

⑭ 设值班经理，24 小时接待客人。

⑮ 设大堂经理，18 小时的前厅服务。

⑯ 在非经营区设客人休息场所。

⑰ 提供店内寻人服务。

⑱ 提供代客预订和安排出租汽车服务。

⑲ 门厅及主要公共区域有残疾人出入坡道，配备轮椅。有残疾人专用卫生间或厕位，能为残疾人提供特殊服务。

⑳ 至少能用 2 种外语（英语为必备语种）为客人提供电话服务。各种指示用文字和服务用文字至少用中英文同时表示。

㉑ 总机话务员至少能用 3 种外语（英语为必备语种）为客人提供电话服务。

3）客房

① 至少有 40 间（套）可供出租的客房。

② 70％客房的面积（不含卫生间和走廊）不小于 20 平方米。

③ 装修豪华，有豪华的软垫床、写字台、衣橱及衣架、茶几、座椅或简易沙发、床头柜、床头灯、台灯、落地灯、全身镜、行李架等高级配套家具。室内满铺高级地毯，或者为优质木地板等。采用区域照明且目的物照明度良好。

④ 有面积宽敞的卫生间，装有高级抽水恭桶、梳妆台（配备面盆、梳妆镜和必要的盥洗用品）、浴缸并带淋浴喷头（有单独淋浴间的可不带淋浴喷头），配有浴帘、晾衣绳，采取有效的防滑措施。卫生间采用豪华建筑材料装修地面、墙面，色调高雅柔和，采用分区照明且目的物照明度良好。有良好的排风系统、110/220 V 电源插座、电话副机。配有吹风机和体重秤。24 小时供应冷、热水。

⑤ 有可直接拨通国内和国际长途的电话。电话机旁备有使用说明及市内电话簿。

⑥ 有彩色电视机，播放频道不少于 16 个，备有频道指示说明和节目单。播放内容应符合中国政府的规定。

⑦ 具备十分有效的防噪声及隔音措施。

⑧ 有内窗帘及外层遮光窗帘。

⑨ 有单人间。

⑩ 有套房。

⑪ 有至少 5 个开间的豪华套房。

⑫ 有残疾人客房，该房间内设备能满足残疾人生活起居的一般要求。

⑬ 有与饭店本身星级相适应的文具用品。有饭店服务指南、价目表、住宿规章、本市旅游景点介绍、本市旅游交通图、与住店客人相适应的报刊。

⑭ 客房、卫生间每天全面整理 1 次，每日更换床单及枕套，客用品和消耗品补充齐全，并应客人要求随时进房清扫整理，补充客用品和消耗品。

⑮ 提供开夜床服务，放置晚安卡、鲜花或赠品。

⑯ 24 小时提供冷、热饮用水及冰块，并免费提供茶叶或咖啡。

⑰ 客房内设微型酒吧（包括小冰箱），提供充足饮料，并在适当位置放置烈性酒，备有饮酒器具和酒单。

⑱ 客人在房间会客，可应要求提供加椅和茶水服务。

⑲ 提供叫醒服务。

⑳ 提供留言服务。

㉑ 提供衣装干洗、湿洗、熨烫及修补服务，可在 24 小时内交还客人。16 小时提供加急服务。

㉒ 有送餐菜单和饮料单，24 小时提供中西式早餐、正餐送餐服务。送餐菜式品种不少于 10 种，饮料品种不少于 8 种，甜食品种不少于 6 种，有可挂置门外的送餐牌。

㉓ 提供擦鞋服务。

㉔ 提供国际互联网接入服务，并备有使用说明。

㉕ 客房门能自动闭合，有门窥镜、门铃及防盗装置。显著位置张贴应急疏散图及相关说明。

4）餐厅及酒吧

① 总餐位数与客房接待能力相适应。

② 有布局合理、装饰豪华的中餐厅。至少能提供 2 种风味的中餐，晚餐结束客人点菜时间不早于 22：00。

③ 有布局合理、装饰豪华、格调高雅的高级西餐厅，配有专门的西餐厨房。

④ 有独具特色、格调高雅、位置合理的咖啡厅（简易西餐厅），能提供自助早餐、西式正餐。咖啡厅（或有一个餐厅）营业时间不少于 18 小时，并有明确的营业时间。

⑤ 有三个以上的宴会单间或小宴会厅，能提供宴会服务。

⑥ 位置合理、装饰高雅、具有有特色、独立封闭式的酒吧。

⑦ 餐厅及酒吧的主管、领班和服务员能用流利的英语提供服务。餐厅及酒吧至少能用 3 种外语（英语为必备语种）提供服务。

⑧ 有专业外国餐厅，配有专门厨房。

⑨ 有专门的酒吧或茶室或其他供客人休息交流且提供饮品服务的场所。

5）厨房

① 位置合理、布局科学，保证传菜路线短且不与其他公共区域交叉。

② 墙面满铺瓷砖，用防滑材料满铺地面，有吊顶。

③ 冷菜间、面点间独立分隔，有足够的冷气设备，冷菜间内有空气消毒设施。

④ 粗加工间与操作间隔离，操作间温度适宜，冷气供给应比客房更为充足。

⑤ 有足够的冷库。

⑥ 洗碗间位置合理。

⑦ 有专门放置临时垃圾的设施并保持其封闭。

⑧ 厨房与餐厅之间，有起隔间、隔热和隔气味作用的进出分开的弹簧门。

⑨ 采取有效的消杀蚊蝇、蟑螂等虫害措施。

6）公共区域

① 有停车专场（地下停车场或停车楼）。

② 有足够的高质量客用电梯，轿厢装修高雅，并有服务电梯。

③ 有公用电话，并配备市内电话簿。

④ 有男女分设的公共卫生间。

⑤ 有商场，出售旅行日常用品、旅游纪念品、工艺品等商品。

⑥ 有商务中心，代售邮票，代发信件，办理电报、电传、传真、复印、国际长途电话、国内行李托运、冲洗胶卷等，提供打字等服务。

⑦ 有医务室。

⑧ 提供代购交通、影剧、参观等票务服务。

⑨ 提供市内观光服务。

⑩ 有应急供电专用线和应急照明灯。

7）选择项目（共 78 项，至少具备 33 项）

（1）客房（10 项）

① 客房内可通过视听设备提供账单等的可视性查询服务，提供语音信箱服务；

② 卫生间有饮用水系统；

③ 不少于 50％的客房卫生间淋浴与浴缸分设；

④ 不少于 50％的客房卫生间干湿区分开（有独立的化妆间）；

⑤ 所有套房分设供主人和来访客人使用的卫生间；

⑥ 设商务楼层，可在楼层办理入住登记及离店手续，楼层有供客人使用的商务中心及休息场所；

⑦ 商务楼层的客房内有收发传真或电子邮件的设备；

⑧ 为客人提供免费店内无线寻呼服务；

⑨ 24 小时提供洗衣加急服务；

⑩ 委托代办服务（金钥匙服务）。

（2）餐厅及酒吧（8 项）

① 有大堂酒吧；

② 有专业性茶室；

③ 有除西餐厅以外的其他外国餐厅，配有专门的厨房；

④ 有饼屋；

⑤ 有风味餐厅；

⑥ 有至少容纳 200 人正式宴会的大宴会厅，配有专门的宴会厨房；

⑦ 有至少 10 个不同风味的餐厅（大、小宴会厅除外）；

⑧ 有 24 小时营业的餐厅。

（3）商务设施及服务（5 项）

① 提供国际互联网服务，其速率不小于 64 kbps；

② 封闭的电话间（至少 2 个）；

③ 洽谈室（至少容纳 10 人）；

④ 提供笔译、口译和专职秘书服务；

⑤ 图书馆（至少有 100 册图书）。

（4）会议设施（10 项）

① 有至少容纳 200 人会议的专用会议厅，配有衣帽间；

② 至少配有 2 个小会议室；

③ 同声传译设施（至少 4 种语言）；

④ 有电话会议设施；

⑤ 有现场视音频转播系统；

⑥ 有供出租的计算机和计算机投影仪、普通胶片投影仪、幻灯机、录像机、文件粉碎机；

⑦ 有专门的复印室，配备足够的复印机设备；

⑧ 有现代化电子印刷及装订设备；

⑨ 有照相胶卷冲印室；

⑩ 有至少 5 000 平方米的展览厅。

（5）公共及健康娱乐设施（42 项）

① 歌舞厅；

② 卡拉 OK 厅或 KTV 房（至少 4 间）；

③ 游戏机室；

④ 棋牌室；

⑤ 影剧院；

⑥ 定期歌舞表演；

⑦ 多功能厅，能提供会议、冷餐会、酒会等服务及兼作歌厅、舞厅；

⑧ 健身房；

⑨ 按摩室；

⑩ 桑拿浴室；

⑪ 蒸汽浴室；

⑫ 冲浪浴室；

⑬ 日光浴室；

⑭ 室内游泳池（水面面积至少 40 平方米）；

⑮ 室外游泳池（水面面积至少 100 平方米）；

⑯ 网球场；

⑰ 保龄球室（至少 4 道）；

⑱ 攀岩练习室；

⑲ 壁球室；

⑳ 桌球室；

㉑ 多功能综合健身按摩器；

㉒ 电子模拟高尔夫球场；

㉓ 高尔夫练习场；

㉔ 高尔夫球场（至少 9 洞）；

㉕ 赛车场；

㉖ 公园；

㉗ 跑马场；

㉘ 射击场；

㉙ 射箭场；

㉚ 实战模拟游戏场；

㉛ 乒乓球室；

㉜ 溜冰场；

㉝ 室外滑雪场；

㉞ 自用海滨浴场；

㉟ 潜水；

㊱ 海上冲浪；

㊲ 钓鱼；

㊳ 美容美发室；

㊴ 精品店；

㊵ 独立的书店；

㊶ 独立的鲜花店；

㊷ 婴儿看护及儿童娱乐室。

（6）安全设施（3 项）

① 电子卡门锁；

② 客房贵重保险箱；

③ 自备发电系统。

对于其他星级饭店也都有相应的设备、设施要求。

2. 设备配置应与饭店规模相符

饭店的设备配置应与饭店的规模相符。饭店在筹建中，对于设备的性能、功率、覆盖面积、容量等要有详细的规划，其要求是要满足饭店的使用和不能有大的浪费。现代饭店在设备使用上的浪费很大，集中表现为设备的运行负荷不足、运行时间不充分等。这有饭店自身运行特点的原因，同时，更关键的原因是饭店在整体规划时指导思想的问题。饭店在进行规划时，不要考虑增容太多，要适量。另外，饭店要有一个比较合理的、稳定的中长期设备更新改造计划，不要在设计之初，为了安全性等考虑，过大地放大安全系数，这都会造成设备和能源的大量浪费。

3. 设备配置与投资额相符

饭店设备的配置应力求安全可靠、方便实用，同时也要考虑经济因素。国内饭店，特别是高星级饭店，在选择设备时，非常喜欢选择进口设备，这就使饭店设备的投资比例大大提高。其实，现在国内许多设备的技术条件和运行条件都已经有了很大提高，有的甚至还出口国外达到国际较高水平。因此，在设备选择上，不要盲目迷信进口产品，在同等条件下，选择国内产品，这样能大大降低设备的投资。

4. 设备配置要充分考虑节能环保要求

饭店设备的能源消耗水平关系到经营效益和环境保护状况，因此在饭店进行设备配置时，一定要充分考虑节能环保要求。对于节能环保，国家有政策性要求，因此，饭店设备配置一定要符合国家法规。并且，在考虑节能环保的同时，一定要考虑投入与产出的关系，在获得社会效益的同时，一定要达到经济目标要求。

6.1.4 饭店设备管理的概念

饭店设备管理是对设备采取一系列技术、经济、组织的措施，对设备的投资决策、采购、验收、安装、调试、运行、维护、检修、改造直至报废的全过程进行综合管理，目的是最大限度地发挥设备的综合效能。

6.2 饭店工程运行管理的作用

饭店工程运行管理所涉及的设备、设施，在饭店服务中起着关键的、多方面的作用。这些设备、设施可以提供动人的视觉环境，使饭店看起来格调高雅大方；可以提供各种奢华的享受体验，使客人感觉到饭店服务的舒适性；可以成为饭店运行的支持者，充当饭店各种服务产品的加工厂；可以充当"传送带和润滑剂"，为饭店提供高效的管理手段。同时，其对饭店的经营效益也起到关键的作用。

饭店工程的服务是全方位的，既包括前台，也包括后台。在工程的服务中，设备占主要方面。因此，在饭店工程管理内容中，设备管理起到极大的作用。总结一下，可以将饭店工程服务的作用归纳为以下6个方面。

1. 提高服务质量

饭店经营的宗旨是尽可能获取客人的最大满意。现代饭店由于大量使用先进的设备和技术，工程服务不仅支持了饭店各部门的正常运行，而且许多产品都直接面对客人。这就使饭店工程的服务成为最全面的服务，工程部也成为饭店服务产品最多的部门。有数据显示，饭店的服务产品，工程直接或间接提供服务的比例达到70％强。这就使工程服务质量的高低，直接影响到饭店服务质量的高低。

现在的饭店由于竞争越来越激烈，对于服务产品的质量要求也从规范化、完整化向差异化、细节化转变。同质性的服务，如何能作出不同的效果和提高客人的满意度，正是现代饭店所要深入考虑和研究的课题。而其中对于工程服务的细节性要求，也正是现代饭店工程管理提高服务质量的重要方面，因此必须加以重视。

美国的饭店业有一句俗语：如果饭店有一张大床，饭店就可以有3％的回头客；如果有一个大的浴缸，就可以有1.7％的回头客。试想一下，床和浴缸是饭店的基本服务产品，是每个饭店都有的，可以说是最基本的、典型的同质性产品，但其中的奥妙有多少饭店能够知道或重视呢？

我国的饭店基本都是学习国际饭店的管理模式，但是过于重视表面现象了。其实，国外饭店服务和管理的真正精髓，国内大多数饭店都没能掌握，甚至有许多人还根本不认识。这是我国饭店发展的最大沟壑。

2. 影响销售价格

合理的售价是饭店能够获得满意客房率的重要原因之一。所谓合理，就是客人的消费要与所获得的服务相称，也即人们常说的性价比。完美的服务加上完美的设备、设施服务功能，才能以高的价格销售。

我国饭店的经营者深明自己的差距在哪里。为什么同样等级和类型的饭店，我国饭店的售价就要比别人低，即使是售价低，但是否有比对方高的客房率呢？为什么会出现这种情况，许多经营者可能会得出各种各样的结论，如地段，如设施老化，等等。但这些结论大多数都是和饭店工程相关的，所以，完美的服务加上完美的设备、设施服务功能，才能以高的价格销售。这是一个很明显的道理。

3. 保证饭店的安全

安全是旅游业的大事，也是饭店的大事。饭店由于它的特殊性，如客人的多样性、客人对饭店不熟悉、饭店大多处于无人监控区域等，这使饭店的安全隐患较多。没有安全就没有饭店，这是饭店从业者的共识。饭店应尽一切可能使客人获得安全感，但由于饭店本身的特殊性，饭店的安全必须建立在拥有完备的安全设备、设施的基础之上，不然，谈不上安全。对于饭店的设备、设施系统，消防报警系统、电视监控系统、消火栓系统、水喷淋系统、防盗系统等都是安全系统和设备。同时，饭店其他的设备系统也都参与到饭店的安全保障中去，如空调系统中的防排烟装置等。

在这里，不仅要强调保证安全的系统要求，同时还要强调对于这些安全系统的运行和保养要求。如果没有好的工程管理，设备安全系统在需要时使用不上，则饭店的损失将是无法估量的，甚至能决定饭店的生死存亡。因此，饭店的安全不仅是安全部的责任，更是工程部的责任。

4. 影响饭店的利润

影响饭店的盈利主要有两个方面，一个是饭店经营收入；另一个是饭店的成本支出。作为影响饭店的利润来说，成本支出的高低直接影响饭店的利润水平。饭店的成本支出，工程所占比例非常大。一般饭店经营者最关心的问题主要有两个，一个是如何知道工程部的钱该不该花；另一个是怎样考察工程部工作的好坏。其实，第一个问题就充分体现了饭店工程对于饭店利润的影响力。

我国的饭店大多都是学北美饭店管理体系的，但由于管理水平的限制和其他的因素，使饭店在工程管理支出上，要远远高于美国的水平。美国的饭店在工程维持费用上大约占总营业收入的 10% 左右，而我国的饭店大多都要在 15%～25%。这是一个巨大的差距，它直接影响了我国饭店的整体盈利水平。而差距的根源，许多人认为是饭店设备的差距等因素。其实，从实际的角度，我国饭店的投资不比国外的饭店少，我国的饭店设备水平不比国外的差，有的还要高一些，之所以饭店的工程成本要远高于国外，关键在于管理水平与国外相比差距太大。我国饭店业发展的历史不过 30 年左右的时间，从一开始学的就是国外饭店的型，而对于精髓性的东西，要么是囿于知识水平的限制而没有认识到，要么是根本就没有这方面的意识。因此，我国的饭店工程管理一直是落后于世界发展水平的。现在许多饭店的管理人员已经开始认识到这一点（从许多人自觉地要求进行工程管理的培训就可以看到这一点），这是一个好的开端，相信不远的将来，我国饭店的工程管理水平一定会达到世界先进水平。到那时，直接的受益，将是饭店的利润率。

5. 提高工作效率

饭店工程管理是饭店后台管理的重要组成部分，涉及饭店管理的各个环节，直接影响饭店的工作效率。饭店工程管理对于饭店工作效率的提高主要有两个方面的影响：①饭店有众多的办公设备，这些设备运行的好坏，直接影响饭店的工作效率；②饭店的动线流程中，有一个唯一的非有形流程，就是管理流。而在管理流中，起决定性作用的是信息系统的使用。目前在饭店改造中，都在向智能化饭店发展，都在谈论要达到几个"A"。而这其中的一个"A"，就是办公的智能化——OA系统。OA系统的使用，可以大幅提高饭店的工作效率，提高饭店的整体服务水平。这是现在国际上饭店的主流投资项目，在我国的饭店还在把大把的钱花在豪华装修上的时候，国外的饭店已经将装修的理念转向了饭店智能化网络建设了。因此，我国的饭店工程在提高工作效率这一课题上，还有很多工作要做，还任重道远。现在许多饭店已经看到了这一发展趋势，都在花大量的精力和财力进行饭店OA系统的建设，这是一个可喜的进步。

6. 影响饭店的声誉

一个饭店在服务中如果出现问题，哪怕是偶然的一次，其影响的将是整个饭店的声誉。因为，对于客人来论，那是100%的问题，不是什么偶然。

饭店涉及工程的投诉很多，从数量上看可能是最多的。这些投诉不仅有客人的投诉，也包括饭店内部员工的投诉。投诉的出现，必然是因为在服务上出现了问题，而这些问题，大多是由于日常工程管理的问题而引起的。例如，许多饭店都有过冷、热水水管接反的问题。这就是一个工程管理的问题，从严格意义上，客房部也有责任。但不管怎么说，它都会是饭店的安全隐患，也是会影响客人对饭店印象的问题。我国许多饭店经常认为有些客人过于吹毛求疵，小题大做是想借题发挥。但从真正意义上想一下，客人所付的店资，是应该获得满意的服务的。在这方面，工程管理所要做的工作还很多。

6.3　饭店工程管理的基本思想和管理方法

6.3.1　饭店工程管理的基本思想

什么是饭店工程管理的指导思想，长期以来在人们的思想中存在一些误区，认为工程管理的工作就是维修，其所管辖的范围就是设备和物资，只要保证饭店的设备、设施拥有良好的技术工作状态，饭店工程管理就达到了要求。其实这是非常不全面的，作为现代饭店经营的一部分，饭店工程管理的工作不能脱离饭店经营这一大目标。饭店工程管理的一切措施、一切方法都要围绕这一目标进行。饭店的经营目标与方针是指导和规定饭店内部各部门活动的准则，饭店经营目标的实现关系着饭店的兴衰，饭店内各部门必须以能否贯彻饭店的总体经营方针为准绳。因此，饭店工程管理的好坏必须以是否能贯彻饭店的总体经营目标为衡量标准。

饭店的经营目标就是提高服务质量，合理配置服务项目和功能，节约开支，获得最佳的经济效益。饭店的一切工作都要围绕这一目标进行，饭店工程管理也要严格贯彻这一方针。因此，对于饭店工程管理来说，根据饭店的经营目标，"不出事"原则就是饭店工程管理的基本思想。

所谓"不出事"原则，是指饭店工程体系，在任何时候和任何情况下，都要保证饭店各部门和各位置的正常使用。为了实现这种"不出事"，饭店工程管理就不能只是维修的管理。因为维修的行为表象就是设备、设施已经发生损坏，并且使饭店服务中断了，换言之，就是已经"出事了"。正确的管理方法是要对设备、设施进行连续的、动态的管理，饭店工程首先是管理，其次才是维修。

饭店工程的连续管理是指从前期方案开始，一直到设备更新报废的全过程管理。饭店工程的动态管理是指不能将设备、设施看成只是一个一成不变的物体，而是要以其技术状态、价值状态，系统全面地看待。饭店工程的管理必须是软硬兼顾的管理，硬是设备、设施技术状态的指标，软是包括经济、信息、人事、心理等方面的指标。根据饭店本身设备、设施的特点，根据消费特点，充分考虑设备、设施使用的特殊性要求，制订出有针对性的计划和措施，最大限度地满足饭店的经营要求。

以运动的观点作为饭店工程管理的基本原则，其中心内容就是要追求最经济的设备寿命周期费用和最佳的综合效能。这一点是与我国长期以来形成的工程管理理念不同的。长期以来，我国的饭店工程管理一直追求的是设备、设施的最长使用寿命。在这一思想支配下，饭店大多是崇拜看得见的实物，而否定无形的价值。这是长期落后生产力条件下，人们崇拜产品经济的产物。在这种思想下，就有了"新三年，旧三年，缝缝补补又三年"的口号。也正是在这种思想下，我国饭店的工程管理，多年来一直崇尚实物和技术的管理，不自觉地追求设备、设施的物质寿命，而忽略了价值寿命和技术寿命。其结果是维修的无度，对维修费用不进行考核，最终造成设备寿命周期费用的低劣化。

6.3.2 饭店设备的综合效能和设备寿命周期费用

饭店设备、设施的综合效能包括了设备、设施为饭店服务所提供的先进性、可靠性、可维修性、节能性、配套性、美观性、舒适性、易操作性等，一般统称为"八性"。这种综合效能是动态地附着在饭店设备的寿命周期中的。

什么是设备寿命周期费用，其定义为：设备寿命周期费用（Life Cycle Cost，LCC）也称全寿命费用，是指设备在整个寿命周期中发生的所有费用。设备的寿命周期费用由两部分组成：设置费和维持费。设置费也称原始费用（AC），包括设备购买时支付的购置费、运输费、安装调试费等，是初始投资，其特点是一次支出或集中在较短的时间内支出。维持费也称使用费用（SC），是设备正式运行后产生的所有费用，包括工资福利、管理费、能源费、维护保养费、维修费、故障损失费、设备改造费等，其特点是随着设备的使用多次支付。设备寿命周期费用可用公式表示为：

$$LCC = AC + SC$$

设备的寿命周期是动态的，它是饭店从设备立项申请开始到申请报废的全过程，是随着使用状态随时改变的。而饭店在设备的寿命周期中对其投入的全部价值量，称为设备的寿命周期费用。设备综合效能和设备寿命周期费用之比，称为设备费用效益。饭店工程管理的中心内容就是使设备费用效益最高。

在此，必须强调一点，最经济的设备寿命周期费用并不一定是设备寿命周期费用最低，这是因为设备寿命周期费用并不是越低越好。费用支出的目的是取得效益，当费用最低时，如果设备的综合效能不能充分发挥，那就不是所需要的状态。因此，最佳的设备寿命周期费用，是在设备费用效益最高时的寿命周期费用。

6.3.3　实现饭店工程管理目标的管理方法

综上所述，饭店工程管理的内容应该是从设备计划采购一直到报废的全过程管理。这种管理应该是一种综合的，包括全社会的管理过程，它既涉及饭店内部也涉及饭店外部，既涉及工程管理部门也涉及饭店的其他部门。饭店的工程管理强调的是设备在饭店使用阶段的全过程，也就是整个寿命周期，不仅要注重设备本身的维护和管理，还要加强全过程各个环节的衔接和协调，包括社会的和饭店内部的。

既然饭店工程的管理是一种社会的，包括饭店所有工作人员的，甚至还包括客人的管理，因此，饭店工程管理必须是一种全员管理，而不能只是饭店的工程人员。这一理念的初端，就是前面所阐述的"不出事"的工程管理基本思想。饭店设备、设施的使用是饭店全体人员，也包括宾客，因此，他们必须参与到工程的管理过程中，并各有职责。

1. 全员管理

饭店工程管理需要全员参与，这不仅是因为每个员工都是设备的使用者，更是因为饭店各职能部门都在工程管理中起到重要作用。从工程管理内容看，它包括了计划、采购，这就需要使用部门和采购部门的意见；采购决策来自于饭店决策管理部门的认可和财务批准；设备的最终使用人员是各部门的服务人员和客人。这些都促成了饭店工程管理，必须是全员参与的管理过程。饭店工程全员管理的划分可分为以下 5 个层位。

1）决策控制层

决策控制层位的人员是饭店的决策人员，对于这一层位人员的要求是懂工程管理。决策层对于饭店工程管理起到关键作用，因为如果决策失误，则有可能造成饭店工程前期阶段的问题，而这一阶段的问题必然影响到后面的中期管理。目前，我国饭店工程管理中出现的设备利用状况较差、设备选择不当和质量不好、该大修的舍不得大修，导致设备报废等问题，决策层都有很大的责任。

2）使用控制层

使用控制层位的人员主要是设备的操作人员，既有工程部的人员，也有其他部门的人员，而非工程部的人员占绝大多数。

对这一层位人员的要求是要严格按照操作规程操作设备，严格按照规范定期保养设备。我国的饭店设备更新周期大约是 4 年左右，而美国饭店是 7 年，这其中的差距之一就是设备操作人员对于操作规程的执行大多不够认真，操作的随意性造成设备的损害，使设备提前进入大修或提早报废。这不仅是设备的使用寿命方面问题，更是我国饭店工程运行费用高于国外同类饭店的重要原因。

对于此层位人员的管理，主要通过两步走的方法：一方面是严格制度，对于违反操作规程、不按照规程操作的人员，要严厉处罚；另一方面是加强培训，一般新设备或新人员投入使用，饭店必须进行实操培训，经考核合格后上岗。同时，还要经常不定期地进行再培训，以便随时加深对于设备和规范的认识。

3）维修控制层

维修控制层位是饭店工程部人员。对此层位人员的要求是强调工作的责任心，不断更新自己的技术和技能，满足饭店设备技术不断进步的需要。因此，对饭店工程技术人员的知识更新工作是非常重要的，饭店应有对此层位人员的培训计划，并有相应的投入预算。

4）服务控制层

服务控制层位人员是饭店全体服务人员。对这一层位人员的要求是懂饭店工程的基本常识，提高主人翁意识。

由于饭店服务的特殊性，饭店内部有相当区域平时都没有人。因此，对于这些部位的控制和管理，现在一般采用工程人员定时巡视的办法，加强对这些地区的控制。但毕竟饭店工程人员力量有限，因此，发挥全体服务人员的作用，利用他们的眼睛发现问题、及时报告，是非常有用的。对于此层位人员，饭店要着重提高他们的综合素质，这其中包括工程知识的素质。饭店应对此层位人员进行全员性的培训，加强职业素质教育，了解工程基本常识，发现问题及时报告。这样，有可能将出现的工程问题控制在初期阶段，尽快解决问题，减少费用。

5）宾客层

客人的作用也不能忽视，他们具有消费和被服务的双重身份，与饭店的工程管理的关系也十分密切。当客人以使用者的身份出现时，在使用中与饭店的配合程度直接影响设备、设施的使用寿命和完好率。而当客人以被服务者的身份出现时，他们对设备的完好程度有亲身体验，并由此获得对饭店服务的认知度，并据此可以向饭店提供使用的信息。这些信息对饭店工程管理十分重要，是饭店工程管理中不可缺少的一部分。

2. 工程管理的中心是"人"不是物

从上述可以看出，饭店工程管理应是全员管理，这是现代饭店工程管理的最重要的特征之一，而这一特征也充分体现了工程管理的中心是人不是物。

传统的管理思想认为，饭店工程管理应把全部精力放在设备和物资上，人是为设备服务的。现代管理思想是以人为中心的思想，即人本管理理念，认为人是有思想、有意识、有感情的。作为被管理者如果理解了自己工作的目标，富有兴趣，愿意合作，愿意承担责任，那么会使自己的工作更加出色，即使工作中有失误也会得到缓解和弥补。相反，如果人总是处于被压抑、被支配、被怀疑的状态，必然充满敌对情绪，再好的设备也不能发挥效用，再好的制度也不会被执行。因此，现代饭店工程管理的中心必须从"物"转移到"人"上，激发和调动人的潜力，这是工程管理成功与否的关键。

3. 运用技术、经济、组织措施进行管理

前述主要讨论了饭店工程管理的基本思想和对人的管理的重要性，这些都是饭店工程管理的基础。但在实际管理过程中，还是要着重考虑管理的手段和管理的技术，在这一层面上有所创新和发展。

对于现代饭店的工程管理来说，必须综合利用技术、经济、组织的措施，实施管理活动。所谓运用技术的措施，是指要引入先进的设备控制技术，提高设备的自动化程度和运行效率。加强设备运行信息的收集、统计和分析，并根据这些信息作出合适的调整，以使整个工程体系达到最佳的运行状态。

运用经济的措施是指在工程管理中，要注重投入和产出的分析和收益分析。这种经济分析的目的，是要确定产生问题的原因是什么，然后有针对性地采取措施处理。如果是设备自身的原因，就运用技术措施进行解决；如果是由于管理出现问题，就采用管理措施解决。运用组织的措施主要是指设备管理要有合理的管理机制。饭店要做到工程管理全员性，必须要配合相应的组织措施，这样全员管理才能落实下去。不然，阻力一定非常大。关键的问题在于一旦实施了工程的全员管理，就必然使许多人员的责任增加、工作量加大，这往往会产生抵触情绪。因此，如果没有相应的组织措施，全员管理只能是理论。

4. 把握预防为主的原则

预防为主是设备综合管理的需要，也是实现饭店对工程管理要求的有效方法。所谓预防为主，是指对于饭店的设备、设施，在其将要产生问题之前就给予解决。预防为主的优点是：

① 在设备、设施出现问题之前解决问题，将问题解决在萌芽阶段，这样可以最大限度地减少设备故障对于饭店服务的影响；

② 设备、设施出现故障之初，其本身损坏程度小，在此阶段解决问题，可以节省维修费用。

预防为主需要饭店在工程管理中注意以下问题。

① 在设备购置阶段要充分考虑设备的可靠性和可维修性要求。

② 在设备使用中，加强日常维护，防止设备非正常性劣化。

③ 在日常管理中，要开展定期检查、试验和设备的状态管理，掌握设备故障征兆，观察设备的发展趋势，及时有效地制定维修对策。

④ 尽可能把重要设备的故障修理变为有计划的预防性维修，减少意外停机。

5. 饭店设备管理的主要任务

饭店设备管理的主要任务是对设备进行综合管理，保持设备的完好，不断改善和提高饭店设备的技术素质，充分发挥设备的效能，取得良好的投资效益。综合管理是饭店设备管理的指导思想和基本制度，也是完成上述任务的基本保证。饭店设备管理的主要任务如下。

1）保持设备完好

饭店通过正确使用、精心维护、及时检修等方法，使设备保持完好的状态，以适应饭店经营服务的需要。饭店应当制定设备完好的具体标准，做到有章可循，使设备的使用人员和维修人员都能有明确的目标，做到正确地使用和维护设备。

2）改善和提高设备技术素质

设备的技术素质是指在技术进步的条件下，设备能够不断满足饭店经营和服务质量要求的能力。饭店服务的质量要求是随着社会的技术进步和饭店服务人群对服务质量要求的变化而变化的，这种服务质量要求总的发展趋势是不断提高。在此要求下，饭店的设备、设施就应该具有不断适应这种服务要求变化的特点，即不断改善和提高设备、设施的技术素质。改善和提高设备的技术素质主要有两个途径：采用先进的新设备替代原先的设备；使用新的技术对原有的设备进行技术改造。具体采用哪种方式，饭店应根据自己的具体情况，作出有针对性的决策。

在这里要注意一点，并不是一提技术改造就必须更新设备，要具体问题具体分析，要在充分进行经济、技术、服务质量综合论证的基础上作出决策。

3）充分发挥设备的效能

设备的效能是指设备的生产效率和功能。设备效能不仅包含单位时间内生产能力的大小，也包含适应各种生产和服务需求的能力。充分发挥设备效能的主要途径如下。

① 合理选择先进的技术装备，在保证服务质量的前提下，提高生产效率。

② 通过技术改造，提高设备的可靠性和可维修性，减少故障停机和修理停歇时间，提高设备的可利用率。

③ 加强饭店经营活动和维修活动的综合平衡，合理组织设备的使用和维修，提高设备的利用率。

4）取得良好的投资效益

设备的投资效益是指设备寿命周期的投入产出比，取得良好的投资效益是饭店设备管理的出发点和落脚点。饭店提高设备投资效益的根本途径是推行设备的综合管理，首先要有正确的投资决策，其次要加强设备的技术管理和经济管理。

6.4 饭店工程部组织结构

6.4.1 饭店工程部组织结构形式

饭店工程部的组织结构是工程部内部分工的基本框架，其综合考虑了饭店工程管理的对象、工作范围和联络路线，以保证饭店工程管理活动的有序高效进行。

饭店工程部的组织结构设置主要考虑饭店的类型、规模和经营目标。应该说，饭店工程部的组织结构形式是多种多样的，但现在经过多年的实践，以及对于国外饭店工程管理组织结构的参考，我国的饭店大多有3种形式，即专业制、区域制和运营制。一般情况下，小型饭店（300间客房以下）或新开业的饭店，多采用专业制组织结构；单体大型饭店（600间客房以上）或功能区分散的度假饭店，多采用区域制组织结构；中型饭店（300～600间客房）一般采用运营制组织结构。

1. 专业制组织结构

饭店工程部的专业制组织结构如图 2-6-1 所示。

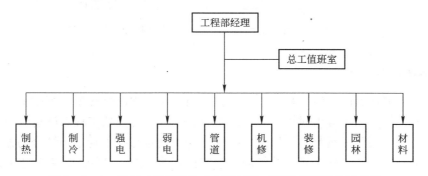

图 2-6-1　饭店工程部按专业制设置的工程部组织结构示意图

按专业制设置的工程部组织结构，源于饭店土建工程项目。由于饭店在建造时，项目经理部的组织机构设置是按照专业系统划分的。因此，在饭店建成竣工后，许多饭店的经营者就将原项目经理部变成了饭店的工程部。这种组织机构形式对于接管者来说，比较容易发现一些设计上的不合理之处，也容易发现工程遗留的问题，对于熟悉饭店的各种设备也不失为一种好方法。

这种组织结构形式是按照专业划分的，采用垂直方式，由工程部经理（总工程师）直接管理。其特点是分工明确、便于协调、管理效率高，但其缺点也是非常明显的，即各专业之间的互补性差、配合性差。这种结构形式适合于小型饭店，因为其管理层次少，需要工程部经理有很好的综合专业技能，同时，每个专业组的人员也不能太多。

2. 区域制组织结构

饭店工程部按区域制的组织机构是在饭店经营部门的功能区域划分的基础上形成的。区域制组织结构按照运营的区域进行分工，采用水平方式由区域主管负责管理，工程部经理直接协调。其特点是责任明确、反应敏捷。由于按区域划分的组织内部各专业都很齐全，因此区域主管调动很方便。区域主管实际相当于一个小工程部经理，因此对区域主管的技术和管理水平要求很高。同时，由于区域分散，每个区域都是各自为战，因此，这种方式的整体协调性不强，区域之间的配合难度比较大。又由于每个区域的人员配备不可能很多，所以，对于大型维修工作的承担能力也有限。

饭店工程部的区域制组织结构如图 2-6-2 所示。

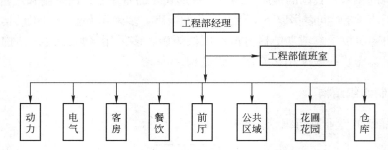

图 2-6-2　饭店工程部按区域制设置的组织结构示意图

3. 运营制组织结构

饭店工程部运营制的组织结构，是在饭店经营对工程的特殊要求基础上形成的。其按照饭店最大限度满足客人对饭店环境的需要、最大限度降低工程系统运营成本的特定目标，把工程部划分为运行与维修两大系统，采用垂直与水平管理相结合的方式。工程部经理负责统筹协调，各主管直接管理并落实计划的实施。其特点是有利于实现饭店经营的总体目标，便于工程部内部，以及与其他部门的协作，可为工程部承揽社会项目创造条件。此种模式依赖于完善的管理模式、规范的操作程序和科学的计划，因此能保障稳定的服务质量和运行成本。此种模式主要为中、大型饭店采用。

饭店工程部的运营制组织结构如图2-6-3所示。

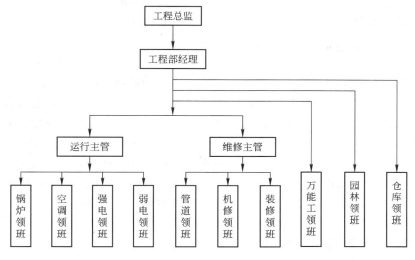

图2-6-3 饭店工程部按运营制设置的组织结构示意图

6.4.2 饭店工程部的编制

1. 管理幅度

在管理活动中，管理者能够有效协调人数的客观限度，称为管理幅度。根据我国饭店的实际情况，饭店工程部的最佳管理幅度一般在7～11人。其中，对于管理人员的管理幅度，是7人左右，对于一般工作人员的管理幅度不超过11人。饭店工程部的人员配置，在满足饭店实际使用需要的前提下，在机构人员设置中要尽量考虑最佳管理幅度的要求。管理幅度过宽会造成管理人员的浪费，增加人力资源成本；而管理幅度过窄，则会导致管理混乱。

2. 管理层次

管理层次是指由几个人或职务组成的一个团体，而这个团体又归属于另一个更大的团体，如此不断递增，形成梯次管理形式。管理幅度是和管理层次相关的，管理层次增加，会减少管理幅度；管理层次减少，会增加管理幅度。

我国的饭店工程部管理，一般采用三级管理方式：工程部经理—主管—领班（班组长）。但是如果工程部人员增多，超过管理幅度的要求，也会增加管理层次。因此，大型饭店大多采用四级管理方式：工程部经理—副经理—主管—班组长（领班）。对于小型饭店，也有经理直接管理班组长的模式。甚至有的饭店根本没有工程部，工程部直接隶属于后勤，工程负责人只是一个主管，这种模式在目前的经济型酒店比较流行。无论使用哪种模式，都要以最大限度地发挥工程部的工作效率为原则。

3. 工程部的人员数量

在国际上，一般工程部的人员数量是以客房数量为基数的，一般饭店考虑在客房数的 7％左右。但我国的饭店与国外饭店有所不同，主要是我国对于饭店运行班组的值班人员要求比较严格。同时，国内饭店的设备与国外饭店相比，自动化程度也有差距。因此，我国饭店的工程部人员数量要高于国际上的平均水平，一般要占到 10％～15％。

在实际工作中，工程部人员的数量要根据饭店的档次、功能，以及设施、设备的分散程度，设备的自动化程度来确定，不能一刀切。一般情况下，高星级饭店、度假饭店、商务饭店、自动化程度低的饭店，工程部人员数量相对要多一些。

6.4.3　饭店工程部经理的要求

饭店工程部经理是饭店工程系统的直接管理者，对于饭店经营目标的实现，饭店工程部的正常运转，饭店设备系统的有效使用起着举足轻重的作用。因此，饭店对于工程部经理的选用有特殊的个人能力和素质要求。

对于饭店工程部经理，首先，应该是技术上的权威，因为饭店的许多高技术设备、设施需要进行技术管理；其次，因为现代饭店为了保持自身的竞争力，新技术更新的速度越来越快，所以饭店的工程部经理应能接受新的事物，并能很快地吸收并归纳使用，即不是因循守旧的人；再次，饭店工程部经理应该是外交家，因为工程部要与饭店内部各部门发生关系，同时也要与社会上的一些职能部门打交道，没有很好的协调能力是不能胜任这一工作的；第四，饭店工程部经理应是强有力的管理者，以便管理和控制工程部使之正常运转；第五，饭店工程部经理应是出色的组织者，因为饭店的所有工程项目其是当然的项目经理。

饭店工程部经理应具备以下主要素质。

1. 大学以上文化程度

饭店工程部经理应具备工程专业大学本科以上学历。现代化的饭店，设备技术非常先进，并且设备的更新换代速度非常快，因此，饭店的工程部经理必须有快速学习和掌握新知识的能力。大学毕业生对知识的掌握和运用能力强，对新事物、新观念消化吸收的能力也很强，具备饭店工程部经理的基本素质要求。

2. 知识面宽

饭店工程部经理所需要的工程类专业知识面很宽，因此，除了应该掌握本专业的知识以外，还必须熟悉其他专业的知识。一般饭店工程部经理应具备建筑、电气、机械、管道、能源等专业的知识。当然，这些专业并不一定需要都精专。但有一点是必需的，饭店工程部经理要是某一工程专业的专家，同时也熟悉其他工程专业的知识。目前，饭店工程部经理大多都是机电专业出身，这与饭店设备配置是有很大关系的。

3. 熟悉管理

饭店工程部经理应熟悉工程管理方面的知识，主要是质量管理、经济管理、行政管理等方面的知识。从现代饭店的发展看，饭店工程管理已经是一种全过程的管理，即从项目规划一直到设备报废的全部管理过程，这要求工程部经理具有全面的管理知识。工程管理的任务既包括人员的管理，又包括物质的管理，而物质的管理又包括了物质运动状态的管理和价值状态的管理，所以，不熟悉现代经营管理的人是做不好饭店工程部经理工作的。

4. 懂国家的政策法规

饭店的经营必须严格遵守国家的法律、法规，这对饭店正常经营十分重要。饭店工程部经理必须懂法，应掌握国家有关的法律、法规，如环境保护、消防、劳动安全等方面的法律、法规，同时还应了解国家财政、税收、统计等方面的相关法规。

5. 熟悉项目管理

饭店在运营中经常会有一些改、扩建工程，一旦出现这些工程，工程部经理是当然的项目经理。因此，工程部经理应熟悉工程预算、项目招投标等项目管理方面的知识。

6. 决策能力

饭店工程部经理应能对工程设计、修缮等方案作出综合决策、评价和选择。

7. 组织实施能力

对于饭店大型工程项目（如大修、改扩建等），工程部经理要随时带领技术人员深入现场，掌握进度，处理技术问题。同时，工程部经理还要对员工进行业务培训和指导，对外洽谈业务、签订合同，审核工程计划预算等，这些都需要饭店工程部经理有极强的组织实施能力。

8. 协调能力

饭店工程部经理应具有协调饭店内部各部门的关系和与饭店外部有关部门搞好关系

的能力。工程部负责饭店所有设备、设施的管理工作，而这些设备、设施的使用者是饭店的各个部门，因此会经常发生一些利益和其他方面的冲突。如何处理与这些部门的关系，同时又不损害饭店及工程部的利益，就成为饭店工程部经理面临的一个课题，也是一个难题。饭店的工程部经理经常会因为这种关系问题而焦头烂额。另外，饭店的运营要受到许多部门的管理和控制，这其中有些是由饭店工程部接洽的，如能源供应部门等。与这些部门关系的好坏直接影响到饭店的经营和利润。饭店工程部经理应与这些部门搞好关系，得到它们的支持和理解，这对饭店的经营十分有利。

9. 开拓创新能力

饭店工程部经理应不断探索先进的管理方法，组织人员进行新工艺研究和技术改进工作，降低饭店能耗，提高工作效率。这些都需要工程部经理具有不断开拓的创新能力。

10. 语言文字能力

饭店工程部经理应有一定的语言文字能力，这其中包括两方面内容：有一定的外语能力和文字写作能力。饭店有许多设备是进口的，这要求工程部经理要懂外语，才能读懂外文资料，管理起来才能得心应手。对于外方管理的饭店，外语交流更是必不可少的工具。工程部经理还有大量的案头工作，需要编写各种技术和管理类的文件，因此必须要有很好的文字写作能力。

第 7 章 饭店工程运行管理

7.1 饭店工程运行管理的基本内容

饭店工程运行管理主要应遵循严格的规章制度和科学的维修计划相结合的原则。严格的规章制度是饭店为设备运行和操作人员制定的各种操作规程、行为规范，以及其他人员在设备使用和服务过程中所应遵守的与工程管理有关的制度。严格制度管理的目的是为了达到规范管理，这是饭店工程运行管理的基本前提。科学的维修计划是由饭店工程部根据本饭店设备、设施的具体情况，以及设备、设施维护的要求，制定出设备、设施的维修计划。这种维修计划既包括单台设备的维修计划，又包括整个设备系统的维修计划，也包括各种设施的维护保养计划。这些维修和保养计划是饭店工程部日常工作的指导性文件，必须严格遵照执行。

7.1.1 饭店设备管理所涉及的各种规章制度

饭店设备使用维护方面的规章制度主要包括对运行操作人员的规章制度，以及对非运行操作人员的规章制度两部分。对运行操作人员主要强调的是操作规范和要求，对非运行操作人员主要强调的是义务和责任。

1. 设备使用人员管理的规章制度

有关设备使用人员管理的规章制度主要包括设备运行的操作规程、设备维护规程、操作人员岗位责任制、交接班制度和巡检制度等。

1）操作规程

饭店设备运行的操作规程一般包括以下内容。

① 运行前的准备工作。

② 开机、停机的操作顺序和安全注意事项。

③ 设备主要技术指标（电流、电压、压力等）。

④ 极限值范围。

⑤ 常见故障及其处理办法。

例 2-7-1 以某规格制冷机启动程序为例，设备操作规程的制定内容如下。

（1）确定所有冷凝水和冷冻水阀已经正确开关。

（2）检查电压（±10%）。

（3）检查制冷剂开启阀——应开。

（4）检查油面（停机时应在视镜顶部 0～50 mm）。

（5）检查油温（不能低于 45 ℃）。

（6）确定冷凝水及冷冻水泵已经运转。

（7）检查冷凝器压力差（出水压力与入水压力），正常值为 50 kPa。

（8）按下启动开关。

（9）制冷机启动后应留意以下数据：①高压（8.5～9.5 kg/cm²）；②低压（2.1～2.5 kg/cm²）；③油压（8～11 kg/cm²）；④油面（视镜上部 60～160 mm）；⑤油温（45℃～60 ℃）；⑥检查电机转向。

2）维护程序

设备维护程序一般包括：

① 设备日常保养的内容、次数和标准；

② 设备每班巡检的次数和部位；

③ 对异常情况的处理方法。

例 2-7-2 以银器抛光机使用保养方法为例，设备维护程序的内容如下。

（1）未加抛光剂前千万不能开机，否则抛光钢珠会严重损坏。

（2）加抛光剂时，要直接倒在抛光钢珠上，让机器运转 10 分钟。

（3）对新购买的银餐具，要洗去银器表面所涂的"银铁粉"，否则会在银器上留下深蓝色痕迹。

（4）发现排水洞堵塞，应将抛光钢珠从抛光筒中拿出，冲洗排水口，直至干净为止。不可强行通孔。

（5）传动部分及轴承每年添加一次润滑油。

（6）每天工作结束时，给机器内注入新鲜的抛光剂。每天应让机器在空载下运转10 分钟。

（7）机器要有专人操作。

3）运行人员岗位责任制

运行人员岗位责任制一般包括：

① 岗位名称和上岗资格；

② 岗位职责范围和处理问题的权限；

③ 岗位考核标准和考核办法；

④ 岗位应知应会。

例2-7-3 以中餐点心部"烘岗"岗位责任制为例，运行人员岗位责任制的内容如下。

（1）掌握早茶及西点的烘制加温工作，熟练制作各种挞类的馅芯，熟悉和正确使用电烘炉、煤气炉、微波炉，做到安全生产，保证点心质量。

（2）上班先检查炉具有无杂物和安全隐患，然后再接通电源。

（3）在点心烘制加温中，正确掌握炉温，令成品达到质量要求。

（4）下班前检查为第二天准备的馅芯和各种原料数量，关闭炉具电源，做好交接班工作。

4）运行的交接班制度

饭店设备运行的交接班制度主要包括以下内容。

① 交接班时间。

② 交接班的内容和责任界限，一般要做到"四交"，即交场地、交设备、交工具、交记录。

③ 交接班必须按记录核对设备状况。

④ 对于由于交接班不清楚，隐患未查出而造成事故的，由接班人负责。

⑤ 交班不清，接班人有权拒绝接班，并报告领导处理。

例2-7-4 以饭店锅炉房交接班制度为例，交接班制度的内容如下。

（1）接班人员必须提前15分钟做好接班准备工作并穿好工作服，佩戴好名牌，正点交接班。

（2）接班人要详细阅读交接日记和有关通知单，详细了解上一班设备的运行情况，对不清楚的问题一定要向交班人问清楚。交班人主动向接班人交底，交班记录要完整。

（3）交班人要向接班人负责，要交记录、交工具、交钥匙，要将有关安全、场所卫生、设备运行的状况等情况如实告之接班人，双方办签字手续。

（4）如在接班时设备突然出现故障或正在处理事故，应以交班人员为主，接班人员积极配合排除故障，待处理完毕或告一段落，报告值班室，征得同意后，交班人才可离去。

(5) 在规定的交接班时间内，如接班人因故未到，交班人不得离开岗位，违者按旷工处理，发生的一切事情由交班人负责。接班人不按时接班，值班室要追查原因，视具体情况处理。交班人延长工作时间应发给超时工资。

(6) 接班人酒后或带病上班，交班人不得进行工作交接，要及时报告值班室安排。

5) 对运行操作人员的要求

饭店设备的运行操作人员要把好技术关，要求做到"四会"。

(1) 会使用

要熟悉并严格遵守设备使用的操作规程，熟悉设备原理、结构、性能和使用范围。

(2) 会保养

保持设备清洁，按照日常保养要求精心保养，发现问题及时处理。

(3) 会检查

熟悉设备开机前后和运行的检查项目内容，设备运行中要随时观察有无异常情况。

(4) 会排除故障

能正确判断故障的征兆和原因，掌握故障排除的方法，对排除不了的故障及时报修。

设备的运行还要强调安全的重要性，这一点要在各种制度里着重阐明，包括安全用电制度、防火安全等。对于设备和工作场地，安全防护装置和消防安全设施应齐全无缺，特别是消防安全设备、设施应定期检查测试，以备在需要的时候能正常使用。压力容器和电气线路要定期检查，进行预防性试验，发现事故隐患及时整改。

在规章制度中，还要严格设备事故的分析和处理制度。设备因非正常原因造成故障而影响饭店正常营业，如停电、停水、停梯、停燃气等，造成恶劣影响的都属于大事故。对于这类事故，工程部除了要派人紧急抢修外，还要积极配合有关部门进行事故的分析和调查。对事故的处理要做到三不放过：原因没查清楚不放过；肇事人员没受到教育不放过；没有采取有效预防措施不放过。这些都要在各种制度里进行强调。

2. 非运行人员的规章制度

对非设备操作人员，在设备管理方面也要进行规章制度的约束。这种规章制度主要是对员工的行为进行约束，增强员工的责任心。其主要内容包括以下方面。

① 有关向入住客人介绍饭店设备、设施使用方法的条例和要求。

② 报修制度的要求。

③ 由于责任问题造成设备、设施损坏的处罚。

④ 有关客人投诉的处理方法。

⑤ 有关设备、设施培训的要求等。

7.1.2　饭店工程管理应强化设备的日常维护

　　饭店的设备维护必须强调工程部管理和饭店全体员工管理相结合的原则，也即体现全员管理的原则，特别是非工程部控制的区域，更要强调全员管理。同时，还要强调饭店服务人员应取得住店客人的合作和支持，正确使用设备、设施，有问题及时报修。饭店设备、设施的维护主要要考虑以下制度：日常操作中的维护要求、报修制度、日常巡视制度、重点部位维护制度。

1. 日常维护

　　日常维护主要是指员工在操作和使用设备、设施过程中所要做的一些必要的维护工作，是设备、设施全部维护工作的基础，必须做到经常化、制度化。饭店设备、设施的日常维护工作内容如下。

1）班前维护

① 检查电源和电气控制装置和线路，检查水、气等供应设备是否安全可靠。

② 检查各操作机构是否良好。

③ 安全保护装置是否齐全有效。

④ 检查润滑部位的润滑情况。

⑤ 对设备进行清理。

⑥ 执行交接班手续。

2）运行中的维护

① 严格按照操作规程操作。

② 精力集中，注意观察设备运转情况和仪器、仪表，注意发现异常情况。

③ 做好运行记录。

④ 不让设备带病工作，有故障立即停机报修。

3）班后维护

① 进行设备和场地的清洁整理。

② 确认设备及其附属设备完好。

③ 设备停机（非连班工作设备）。

④ 停机后切断水、电、汽等能源供应。

⑤ 认真填写交接班记录。

上述工作只是设备运行使用中的一般维护要求，不同的设备还有各自具体的要求。

对于非设备操作人员，在进行日常服务工作中，应对服务环境内的设备、设施多加留意，及时发现问题，及时报修。

> **例2-7-5** 以客房服务员为例，客房服务员除了完成本职工作外，还要做以下工作。
> （1）检查所有照明设施是否工作良好。
> （2）检查空调风机是否工作良好。
> （3）检查家具是否有损坏。
> （4）检查冷、热水龙头有无滴漏。
> （5）检查下水是否畅通。

所有这些工作其实都是在做客房时所必须进行的内容，但现在许多饭店都忽略了这些工作。应该强调的是，这些工作是饭店设备管理的重要内容之一，其目的就是防患于未然，不使设备由小问题酿成大事故而影响饭店的服务。

2. 报修制度

1）报修程序和报修单内容

报修制度是饭店设备、设施管理的基本制度，是饭店工程部进行维修工作的依据，其运行程序如图2-7-1所示。

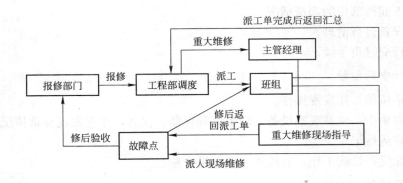

图2-7-1 饭店设备、设施报修运作程序

报修单由报修部门负责填写，一式两份。一份报修部门留存备案，一份派工给班组。班组在接到报修单后，应根据报修内容和重要性填写开工日期和估计工时、备料单等，派人进行检修。检修完毕，须经报修部门签字认可。对于重大维修项目，工程部调度应通知相应的主管和经理，进行现场指导。班组在收到工人送回的报修单后，应核实所耗用的材料和实用工时，汇总后交工程部调度室。工程部接到返回的报修

单后，要核销报修单，记入员工工作档案和设备档案，并交内勤存档作为工程部月工作量汇总的依据和部门内部核算的依据。对于一时完不成的项目，应提前通知使用部门预计完成的时间。对于对饭店运营有影响的报修，还应及时通知销售和前台等部门，以便采取措施。

报修单应包括以下内容。

① 报修部门、报修人、报修日期。

② 维修地点。

③ 需要维修的设备、维修内容。

④ 报修部门经理签字。

⑤ 工作重要等级。

⑥ 工作人员及所用工时。

⑦ 维修班组。

⑧ 开工、完工日期。

⑨ 维修人、使用部门验收签字。

⑩ 材料清单。

2）报修制度的重要性

报修制度是设备管理的一项非常好的制度，饭店应坚持并严格执行报修制度。

（1）严格报修制度是设备管理的需要

在饭店设备管理中，设备建卡立账是重要内容。设备登记卡是设备使用情况记录，设备每进行一次维修都要在登记卡上登记。可以说，设备登记卡是设备的病历，对于设备的每一次报修，工程部都要进行登记。因此，报修单是设备使用情况的晴雨表，是制订维修、大修计划乃至申请报废的依据。工程部经理每个月都要检查一遍报修记录，如发现某台设备频繁报修，就要考虑是否对该设备采取措施了。因此，报修制度对设备管理十分重要。

（2）严格报修制度是饭店经济管理的需要

对于设备的管理应采取经济责任制的方法。所谓经济责任制，就是以饭店的经济效益为中心，把饭店设备的经济责任层层落实到各个部门、班组和个人的一种经济管理体制。饭店设备的经济责任制，必然要把设备整体责任承包到具体使用单位和个人，即设备的使用者不仅要使用设备，还要承担设备的费用。报修制度正是适应了这一管理方式的需要，因为报修单明确了设备的管理和使用双方各自的权利和义务。首先，工程部对设备有管理权和维修义务，一旦使用部门报修，就要尽快、优质地解决问题，不能耽误使用部门的使用。使用部门有使用设备的权利和支付维修费用的义务。设备管理的经济责任制打破了设备使用的大锅饭，使用设备的部门，必须支付一定的费用。部门所承担的设备使用费是通过3个方面体现的：能耗、维修费、设备折旧，报修制度正是明确了维修费用。

（3）严格报修制度是工程部内部管理的需要

工程部内部管理的重要组成部分之一是人员的考核和材料消耗的考核，而报修制度提供了对人员考核和材料消耗考核的依据。工程部将报修单完工收据放入员工档案中，作为员工考核的依据，这种依据不仅是表明完成报修次数的多少，而且还体现了用工情况、质量情况、材料使用情况，是对员工能力比较全面的考核。另外，每月材料消耗的情况也可以通过报修单体现，这对于了解材料的库存，核定和确定库存量，申请购入备品备件，都是有用的依据。

报修制度是饭店设备管理的重要手段，饭店必须严格执行。报修制度的核心是报修单，由于报修单的执行比较烦琐，所以许多饭店都对执行报修单非常懈怠，有的甚至使报修单制名存实亡。现在，相当多的饭店都开始实行商务电子办公模式，报修也可以采用网上处理模式，这就大大提高了工作效率。

3. 日常巡视

工程部每天应该派维修人员对饭店各个部位进行例行巡视检查，发现事故隐患及时修理。这种巡视是工程部日常工作的一部分，应填写格式化的巡视单。巡视检查主要包括公共部位巡视和客房巡视两个部分。

1）公共部位的巡视检查

公共部位的巡视检查，是指工程部对由几个部门共同使用而又较难确定由谁负责的公共部位的设备、设施派人进行巡查检修，如大堂、员工区等。同时，还要对平时少人或无人的区域进行巡检，如设备层、地下层、停车场等。这些部位由于日常分工管理的问题，基本上是报修的死角。工程部每天派人到这些部位巡视，找出该修理的问题，一般的问题就地解决，大的问题由巡视人员报告后安排维修。每次巡查结束后，巡查人员都要按照规定严格填写巡查表格。巡查表一般包括以下内容。

① 巡查部位。

② 电气设备情况。

③ 顶棚外观情况。

④ 地面情况。

⑤ 各部位家具情况。

⑥ 送风情况。

⑦ 各种设备运转情况。

⑧ 消火栓情况。

⑨ 照明灯具情况。

⑩ 摄像头及音响设备情况。

⑪ 电梯情况。

具体内容饭店可以根据自己的具体情况确定。

2）客房的巡视检查

客房的巡视检查是指工程部每天派人到客房进行巡查，其目的是为了提高客房的完好率。应该说，客房的使用和其设备完好情况是由客房部全权负责的，工程部只是在接到报修后进行维修就可以了。但由于客房部服务人员的工作量很大，可能顾不上仔细检查客房设备、设施的情况。通常只要客人不提出投诉或报修，客房部人员很少主动发现问题，除非已经形成大的事故。另外，由于饭店会有一些闲置的客房，对这些客房一般没有人进去，如有问题就不能及时被发现。基于上述原因，工程部每天要派人到客房去巡查一下，这种巡查不仅能提高客房的完好率，而且可以大大减轻工程部日常检修人员的工作量。一般工程部的检查不是每天将客房全部检查一遍，而只是检查一部分，在一段时间内将所有客房检查一遍后，再从头开始。每间客房检查完成后要填写检查表，检查表主要是客房内的家具、设备、设施情况等项目，主要包括以下内容。

① 防盗链情况。
② 照明情况。
③ 家具的牢固性及其表面情况。
④ 卫生间配套设施情况。
⑤ 各种开关的使用情况。
⑥ 卫生间洁具的使用情况。
⑦ 卫生间下水的排放情况。
⑧ 电视图像情况。
⑨ 音响情况。
⑩ 床头板工作情况。
⑪ 空调风机及其控制部分情况。

4. 区域维护

饭店洗衣房、厨房、冷库等区域都是设备集中的地方，这些部位是由其他部门控制的，不归工程部管辖。但由于这些设备本身的技术含量较高，管理的要求也高，因此，工程部应与这些设备的使用部门采取联合管理的办法，实行区域维护。这种维护方式不同于工程部自管设备，是一种由工程部和使用部门组成的维护组合，其组织方式和维护方法有以下特点。

（1）需要合理划分维护区域

维护区域的划分要以部门为界限，对于多部门使用的设备，如音响、给排水等，要详细说明责任界限，以防止出现事故互相推诿。

（2）协调合作

对于集中使用的设备，使用部门应设置专人进行管理，即设备员。设备员的工作是每天对设备进行运行前的检查和运行结束后的一般维护。当出现故障时，设备员负责与工程部接洽维修。设备员一般是兼职的，但必须经过工程部培训后方可上岗工作。

7.2 饭店工程部的维修管理

设备维修是指当设备技术状态劣化或发生故障后，为了恢复其功能和精度而采取的更换或修复磨损、失效的零部件，并对整机或局部进行拆装、调整的技术活动。

7.2.1 设备磨损的规律

机电设备一旦投入使用，零部件就会产生磨损，其磨损量的变化是不均匀的，因工作条件、零件质量和运动特性的不同，随着时间而变化。但磨损有一定的规律，如图 2-7-2 所示。

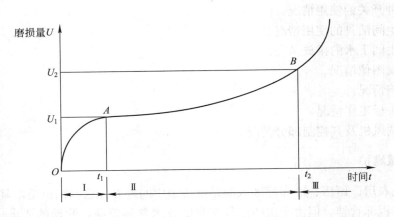

图 2-7-2　机电设备磨损规律曲线

磨损一般分为 3 个阶段，如图 2-7-2 所示，Ⅰ阶段是磨合磨损阶段，此阶段零部件的表面粗糙度发生变化，表面形状也会发生显著变化。磨合磨损可以调整设备的间隙，这一阶段是饭店对设备进行调试的阶段，通过磨合，使设备达到最佳使用状态。在这一阶段也是饭店设备操作人员熟悉设备的阶段，一般情况下，饭店会在这一阶段编制正确的设备使用、操作规程，进行操作培训，让员工掌握正确的操作规程。

Ⅱ阶段是正常磨损阶段，在此阶段零部件的磨损是缓慢的，磨损量基本随时间匀速增加。当磨损到一定程度（图2-7-2中U_2），零部件就不能正常工作了，而这段时间（图2-7-2中t_1~t_2阶段），就是设备的使用寿命。因此，要想增加设备的使用寿命，操作人员正确操作、精心维护和保养设备是关键。

Ⅲ阶段是剧烈磨损阶段，设备零部件的使用已经达到了其寿命（图2-7-2中的B点），如果再继续使用，会加剧磨损，进入剧烈磨损阶段。在此阶段，设备的性能等技术指标会快速下降，设备管理的主要工作就是适时对设备大修，或者进入更新改造。

根据设备磨损的这一理论，可以得出设备故障的曲线，如图2-7-3所示。从图2-7-3中可以看出，在设备调试磨合阶段，即OA阶段，故障发生数量可能较多，这是由于磨损很大，但这一时间很短。进入AB阶段，设备进入正常使用阶段，对应于图2-7-2中的Ⅱ阶段，此阶段故障很少。进入BC阶段，对应于磨损的剧烈磨损阶段，则故障的发生大为增加。

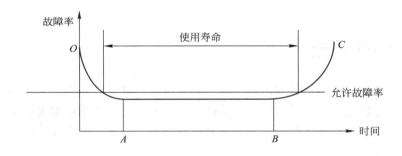

图2-7-3 设备故障规律曲线

图2-7-2和图2-7-3是互相印证的。同时，图2-7-3也是饭店设备维修费用的曲线。

设备的故障主要由以下问题造成：

① 操作不当；

② 不能及时进行维护保养；

③ 在使用中小毛病不及时报修，积累成大故障；

④ 在旺季使用，为营业需要拼设备；

⑤ 设备采购失误，购置了质量不好的产品；

⑥ 维修技术不过关，维修质量差；

⑦ 使用了不合格的零配件。

通过对问题的分析，饭店工程管理在维修管理中应有针对性地解决问题，尽量减少维修量。

饭店设备的维修管理包括两部分内容：获得需要维修的设备信息；对需要维修的设备实施维修工作。

7.2.2　维修信息的获得

维修信息的获得主要有被动获得和主动获得两个渠道。被动获得渠道主要是报修。报修可以通过填写报修单、计算机报修、电话报修等形式进行。报修的形式是饭店各部门和每个人员都可以使用的方式，是饭店维修管理信息获得的基本方式。报修必须填写报修单，不管是什么方式的报修，如果情况紧急没能填写报修单，最终都要补单。

主动获得渠道是工程部通过自己派人巡检，发现问题，及时解决。考虑到饭店有许多地方是无人区，饭店的多数服务人员对工程知识比较缺乏，因此，工程部一般每天都要派人对饭店的关键部位进行巡检。巡检包括两种：公共区域巡检和客房巡检。

7.2.3　维修的类型

饭店工程维修主要包括计划内维修和计划外维修两种。计划内维修是指对设备、设施有计划地定期进行维修，是主要的保养性质的维修。计划内维修的关键是计划，按照计划，无论设备、设施损坏与否，到期都要进行维修（保养）。饭店的计划内维修主要有一、二级保养和大修。

计划外维修是指设备、设施由于外界原因而非设备、设施内在原因发生的意外事故，这种事故需要紧急抢修恢复。计划外维修的特点是具有不可预见性和突发性，造成的损失大（包括非直接损失），影响恶劣。饭店应尽量避免计划外维修。

1．计划内维修

计划内维修主要包括预防性维修和改良性维修两部分。

1）预防性维修

预防性维修是设备、设施在使用期内进行定期的保养和检修，防止设备、设施发生可能的故障和损坏，其中又包括日常维护保养和定期检修。

（1）日常维护保养

日常维护保养主要是指员工在操作和使用设备、设施过程中要进行的必要维护工作，是设施、设备全部维护工作的基础，必须做到经常化、制度化。其主要内容如下。

① 班前维护。

● 检查电源和电气控制装置和线路，检查水、汽等供应设备是否安全可靠。

● 检查操纵机构是否良好。

● 检查润滑部位的润滑情况。

● 对设备进行清理。

② 运行中的维护。

● 严格按照操作规程操作。

● 精力集中，注意观察设备运转情况和仪器、仪表，注意发现异常情况。

● 做好运行记录。

● 不让设备带病工作，有故障立即停机。

③ 下班后的维护。

● 进行设备和场地的清洁整理。

● 设备及其辅助系统完好。

● 设备停机。

● 停机后，切断水、电、气等能源供应。

● 认真填写交接班记录。

（2）定期维修

定期维修是工程部按照制订的维护保养计划，按时对设备、设施进行维护保养。这种维护保养计划是事先拟订的，主要是根据设施、设备运行的时间，磨损程度，参考设备指导书的要求制订的。但是，这种维护保养计划不是死板不可变更的，也要根据设备、设施的实际情况，以及饭店的经营情况随时进行调整。

定期维修计划的编制主要包括以下内容。

① 维修内容：主要是一、二级保养内容，以及根据设备的实际使用情况作出的大修内容。

② 实施时间：时间安排要考虑饭店的实际运营情况，尽量不要影响饭店的正常经营，要与设备持有部门协调好维修时间，最好得到使用部门的确认。

③ 人员安排：对于具体实施的人员进行安排，包括执行班组、负责人和验收人等。

④ 可能造成的影响应对方案：计划性维修特别是大修，很可能对饭店的整体运营产生影响。因此，工程部要上报总经理批准；同时，还要有自己的应对方案。

计划内维修的具体运作程序如图 2-7-4 所示。

在维修计划批准后，工程部在维修实施前，要给维修班组下发维修工作任务书。维修工作任务书应包括以下内容。

● 编号：因为具体的维修是按照总计划分解出来的，因此要有编号，这也便于将来存档。

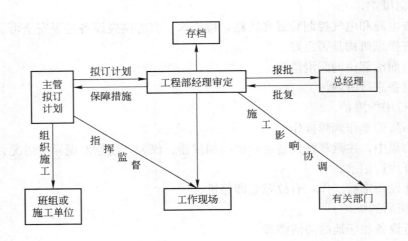

图 2-7-4　计划内维修的运作程序

● 任务要求：主要包括维修内容及完工标准。

● 工时要求：确定完成维修工作的时间。

● 维修工具和仪器。

维修任务书与报修单有相同的功能。工人在完成维修任务后，要在任务书上填写工作记录，包括所有时间、检查结果等。任务书填写完后要签字交回，由主管或工程部经理考核后，进入工人和设备档案。

2）改良性维修

改良性维修是指对设备、设施进行的更新或改造。改良性维修往往会造成饭店的部分停业，所花费的费用也较高。因此，必须事先制订详细的方案，并对方案进行论证。

3）计划维修的种类

（1）小修（一级保养）

小修（Minor Repair）是工作量最小的计划内维修。小修工作针对日常点检和定期检查中发现的问题，对设备、设施进行局部的修理。通常只需要修复、更换部分磨损较快和使用期限等于或小于中修间隔期的零件，调整设备的局部机构，保证设备能运行到中修时间。

（2）中修（二级保养）

中修（Middle Repair）是对设备进行部分解体、修理和更换部分主要零件，或者修理使用期限等于或小于大修期间的零件。中修后设备的技术性能应与大修基本相同，并应组织人员验收，办理交接手续。

（3）大修

设备的大修（Overhaul or Capital Repair）是工作量最大的计划性维修。大修时要将设备部分或全部解体，修复基准面，更换或修复全部不合格零件，修理与调整设备的电气系统，修复设备附件及翻新外观等。大修的目的是达到全面消除大修前存在的缺陷，恢复设备的规定精度和性能等目的。设备大修后应积极组织验收，投入运营后要有保修期。

（4）项修

项修（Item Repair）是根据对设备实际技术状况的检查、监测和诊断结果，对状态已经劣化达不到生产工艺要求的项目，按实际需要进行修理，使其达到整台设备的功能和参数要求。项修时一般进行部分拆卸，更换或修复失效部件，从而恢复所修部分的性能和精度。

2. 计划外维修

计划外维修是饭店最不愿意看到的事情，由于维修的突然性，往往一旦发生就会打乱饭店原有的运行计划和秩序，造成不可预见的损失和影响。因此，饭店必须采取一切措施控制计划外维修。在控制计划外维修中，工程部经理起着决定性的作用。因为工程部经理对饭店很熟悉，对于哪些部位容易出现问题也最清楚，从而采取的措施可能也最直接有效。对于计划外维修，工程部应做好以下工作。

1）有计划

所谓有计划，是指工程部要对于计划外维修有自己的应对计划，也即要有自己的应急方案。应对计划要由工程部经理编制，计划内容包括以下方面。

① 事故部位。

② 事故方式及可能的影响。

③ 对不同的事故应采取的应急措施。

④ 所需的备件及应急手段。

⑤ 应急程序。

⑥ 联系方式和电话号码。

2）加强计划内维修

加强计划内维修是避免计划外维修的最简单方法。任何突发事故，除了人为破坏之外，都是由于不注重日常保养，由小的故障积累起来造成的。所以，平时加强计划内维修，可以大大减少事故的发生率，从而减少计划外维修。

3）有合适的备件

合适的备件是处理计划外维修的关键要求。因为，工程部备件并不是所有的都备，而是根据实际情况，采用 ABC 法准备。因此，备什么不备什么就体现了工程部经理的经验和智慧。如果备件准备得不好，一旦发生计划外维修而备件没有，那损失将是不可估量的。所以，工程部对于备件应有相当好的准备，这也是在应急预案中要详细制定的内容。

4）有合适的维修队伍

对于突发的计划外维修，工程部有时要使用社会上的专业施工力量。因此，工程部应掌握合适的专业维修队伍。在目前饭店维修社会化的大趋势下，这种要求应该是常态管理模式。

7.2.4 维修的方式

现代饭店由于设备种类繁多、技术先进，因此饭店设备的维修方式也由初期的以饭店自己的维修力量为主，向社会化、专业化维修的模式转变。

1. 自行维修方式

自行维修是指在设备、设施出现问题以后，饭店依靠工程部自己的维修力量进行维修。目前，这种维修方式饭店大多只是用于小型的项目维修，是工作量不大、所需技术不是很复杂项目的维修。

自行维修的信息获得，主要通过报修、巡查方式。但现在有许多饭店学习国外的"万能工"制，这也是自行维修的一种方式。

"万能工"制最早是美国假日集团下属饭店设置的一个特有工种。"万能工"的任务是对客房所有的设备有计划地循环检查维修。由于"万能工"要承担客房所有设备的保养维修，因此必须具备饭店工程维修的各方面知识和多种维修技能。例如，能使用各种工具，能进行电视、音响等的小修，电器开关等的更换，洁具的更换维修，空调的基本维修，地毯、墙纸的修补等。其实由这些"万能工"的维修内容看，也还是一些小型的维修。

对于大型的、技术含量高的维修项目，饭店从经济和管理角度考虑，基本都不进行自行维修，一般考虑采用委托维修的方式。

2. 委托维修方式

委托维修是指饭店委托设备生产厂家或专业维修公司对设备和设施进行修理。从实际角度看，饭店维修人员对一些重要设备，如电梯、制冷机组、网络系统、计算机设备、锅炉，以及洗衣机等大型专业性极高的设备进行维修和保养确实比较困难。从经济角度，饭店不可能平时配置许多专业程度非常高的人才。但如果维修人员的技术水平达不到要求，设备就得不到良好的维护和修理。在这种情况下，委托专业的生产厂家或维修公司，就是饭店的理想选择。因为被委托单位的人员专业水平较高、技术性强。更为可取的是，委托维修的费用往往要比饭店招聘、培养自己的工程技术人员的费用要低。因此，饭店对于大型设备和技术要求高的维修，基本都采用委托维修这种方式。

7.2.5 编制维修计划

维修计划是饭店维修工作的纲领，包括人力、物力、资金等。在编制维修计划时，应尽量采用新工艺、新技术、新材料。在保证质量的前提下，力求减少设备、设施的停歇时间，降低维修费用。维修计划的编制程序如图2-7-5所示。

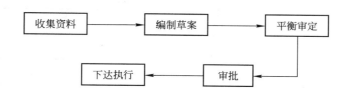

图2-7-5　维修计划编制程序

维修计划分年度计划、季度计划、月度计划。一个好的维修计划必须做到项目落实、时间落实、方案落实、组织落实、资金落实、材料落实、工具落实、资料落实。同时，要做到任务清楚、质量标准清楚、安全措施清楚。

在各种维修计划中，年度计划是纲领性的计划，季度计划、月度计划是对于年度计划分解后的计划，是实际具有执行性的计划。大修和更新改造计划可以在年度计划中体现，也可以是临时项目和单列项目。饭店工程部在编制维修计划时，要考虑以下问题。

① 饭店营业的具体情况，主要是考虑饭店的淡、旺季等因素。一般大型、重要的设备维修，都要考虑在淡季进行。除非紧急维修情况，一般不要影响饭店的经营计划。

② 根据饭店自己的维修力量，合理安排工作量。

③ 认真考虑设备、设施的实际情况，做到有的放矢。

④ 参考设备的维修手册要求和设备、设施的老化程度。

⑤ 重点考虑费用问题，一定要提出预算要求。

⑥ 考虑人力、物力、材料、资料、备件等的安排计划，做好组织准备工作，同时还要做好资料文件的准备。

⑦ 充分考虑执行计划过程中可能出现的问题和困难，拟定相应的对策。

⑧ 要把安全问题考虑细致，健全细化安全措施。

维修计划编制完成后，要与饭店各部门协商后才能定稿。在实际执行过程中，还要根据饭店设备、设施的实际使用情况，及时进行修正和补充。在执行计划的过程中，一定要及时通知有关部门，取得相关部门的配合和支持。一般情况下，要提前5天通知将要维修设备、设施的相关部门。

工程部年度维修计划表、季度维修计划表、月度维修计划表、维修单日报表和维修单月报表分别如表2-7-1、表2-7-2、表2-7-3、表2-7-4、表2-7-5所示。

表2-7-1 工程部年度维修计划表

月份	维修工作项目
1/JAN.	
2/FEB.	
3/MAR.	
4/APR.	
5/MAY.	
6/JUN.	
7/JUL.	
8/AUG.	
9/SEP.	
10/OCT.	
11/NOV.	
12/DEC.	

表2-7-2 工程部季度维修计划表

_____年_____季度

序号	设备名称及项目	工作内容	工时安排	承担班组	月份

表 2-7-3　工程部月度维修计划表

_____专业_____班组_____月

序号	计划工时		实际工时		安排日期	计划完成率（月实际工时/月计划工时）	
	项目名称		工作内容			实际用工时	备注

表 2-7-4　维修单日报表

年　月　日

135

各部门发来的报修单：

客房部　　份　工程部　　份　康乐部　　份　　　　　电话报修：
前厅部　　份　餐饮部　　份　其他　　　份

当日收到维修单数		当日电话报修数	
电修组		电修组	
机修组		机修组	
装修组		装修组	
管、水工组		管、水工组	
空调组		空调组	
弱电组		弱电组	
制冷组		制冷组	
当日收到维修单总数			
当日遗留维修单总数			
当日完成维修单总数			
正在执行的维修单总数			
一月中日平均维修单数			

注：此日报由夜班值班长统计填写

总值班长：

表 2-7-5　维修单月报表

年　月　日

本月：至今日各部门发来维修单累计：　　份

其中：客房部：　　份　餐饮部：　　份　前厅部：　　份

康乐部：　　份　工程部：　　份　其他：　　份

班组	当日			本月：至今日		
	收到数	完成数	完成率/%	收到数	完成数	完成率/%
电修组						
机修组						
装修组						
管、水工组						
空调组						
弱电组						
制冷组						
其他						
累计						
本月至今日止	遗留维修单数					
	正在执行的维修单数					
备注						
填表				签阅		

7.3　备件管理

备件是饭店设备维修工作的主要物质基础，是维修工作的重要后勤保障。饭店工程管理必须抓好备件的管理，这对于维修的时间、资金的占用、维修的效果都有重大影响。

备件管理主要包括备件的采购、储备和供应，以及与其相关的经济、技术、物资管理等工作。对备件管理的要求是保证品种、质量、数量，做到及时、经济、合理。具体工作主要有以下内容。

① 编制备件计划，组织采购或定制。

② 收集市场信息，订购经济适用的备件。

③ 进行备件消耗统计，研究备件工作的规律。

④ 控制备件储备定额，保证备件储备量。

⑤ 核定备件资金，在保证备件供应的前提下，尽量压缩资金占用。

⑥ 搞好仓库管理，提高供应工作效率。

对于备件管理，关键是要抓住"三管三定"。"三管"是订货管理、统计定额管理、仓库管理；"三定"是定消耗、定储备、定资金。

7.3.1 备件的范围

1）不列入备件范围的物品

在饭店工程备件管理中，既要考虑维修使用的方便和及时快捷，又要考虑资金的占用问题，减少备件储备资金。因此，备件准备的范围是一个很有策略性的问题。一般情况下，下列物品可以不列入备件范围。

① 维修过程中经常使用的各种标准紧固件，各种油杯、油嘴、纸垫、毛毡、灯泡等，都不属于备件范围。这些都可以作为低值易耗品，按实际需要领用摊销。

② 按维修要求储备的钢材、电缆、导线等，属于原材料，一般不占用备件储备资金。

③ 各种工具和饭店的备用设备不属于备件范围。

以上的物资虽然与备件有区别，但都是设备维修时必不可少的，统称为维修资源。一般对中小型饭店，对备件和低值易耗品的区分不必太清楚，也可以统一管理。

2）列入备件范围的物品

一般情况下，下列各类的零件可以列入备件储备的范围。

① 各种配套件，如滚动轴承、皮带、链条、油封、液压元件、电气元件等。

② 设备说明书中列出的易损件。

③ 传递主要负载而自身又较薄弱的零件，如小齿轮、联轴器等。

④ 经常摩擦而损耗较大的零件，如摩擦片、滑动轴承等。

⑤ 在高温、高压及有腐蚀介质环境下工作，易造成变形、腐蚀、破裂、疲劳的零件。

⑥ 因设计结构不良而故障率高的零件。

⑦ 重要设备的易损件。

7.3.2　备件的储备

备件的储备是一个需要慎重对待的问题，储备多了，会造成资金的占压和浪费，加大饭店的经营成本；储备不足，会在使用中由于供应不及时而延长维修时间，影响饭店的经营。

1. 备件的储备原则

1) 基本原则

饭店的设备类型、经营情况都各有特点，因此，饭店的备件储备一定要从饭店的实际出发，满足设备维修的需要。同时，还要考虑尽量少占压饭店的资金。一般饭店备件储备要遵循以下原则。

① 根据设备的磨损规律、故障发生规律和设备使用寿命来确定备件的储备，这是备件储备的基本原则。

② 优先考虑关键性设备备件的储备，因为这些设备一旦出现问题如不能及时维修，会有灾难性后果。

③ 常用备件储备量要以经济订货量法确定的经济订货量为标准。

④ 减少和避免由于订货周期太长而造成的缺货成本，应确定设备备件的保险储备量。

2) 确定依据

在实际应用中，饭店确定备件储备量一般考虑以下依据。

① 维修记录和损耗件的资料。

② 设备事故和突发性故障记录。

③ 厂家有关易损件的资料。

④ 对零配件技术特性的考虑。

⑤ 使用人员的意见和其他信息。

2. 备件审查程序

图2-7-6所示为饭店备件的审查程序，在确定备件的储备过程中，还要考虑饭店本地的供应条件。确定备件后，应编制备件目录和备件图册，以便采购时使用。

7.3.3　备件储备量的计算

在确定了备件目录后，饭店就可以考虑备件储备量的问题了。备件的储备量应以既

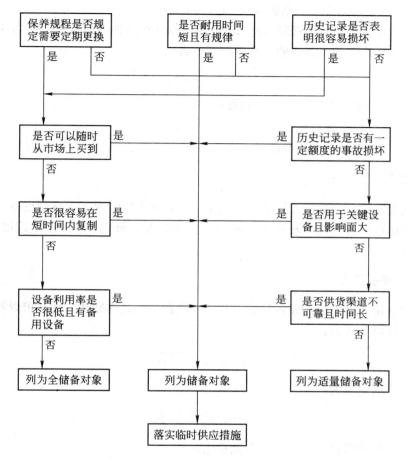

图 2-7-6　饭店备件储备审查程序

能满足饭店实际维修的需要，又不出现积压为原则，还要能应付计划外突发事件的维修需要。因此，备件储备量要根据饭店对于某一备件的消耗量、饭店的维修能力，以及该备件的供应周期。一般备件储备量的计算主要有 3 种方法：最低储备定额法、最高储备定额法、经济储备量法。

1. 最低储备定额法

备件的最低储备定额可按下式计算：

$$B_{\min} = T \times P \times K$$

式中：$B_{\min}$——备件的最低储备量；

　　　　T——备件订购周期（以月计）；

　　　　P——备件平均月消耗量；

K——设备管理水平系数（$K=1.1\sim1.5$）。

上式中，备件平均月消耗量（P）是由该种备件在设备中的数量、使用期限和同类型设备的拥有量决定的。其间的关系可用下式表示：

$$P=n\times s/t$$

式中：n——该种零件在同台设备中的数量；

s——同类设备拥有台数；

t——该种零件的使用寿命。

2. 最高储备定额法

备件的最高储备定额应按订货期与批量决定，在正常情况下，自制设备（委托外加工设备）的最高储备定额一般不超过 $3\sim4$ 个月的耗量，外购设备一般不超过 $10\sim12$ 个月的需要量。

3. 经济储备量法

经济储备量法也称最优储备量法，其前提是备件不允许缺货，随时可以补充。经济储备量法的计算公式为：

$$Q=\sqrt{2C_2N/C_1n}$$

每批订货间隔期为：

$$T=\sqrt{2C_2n/C_1N}$$

式中：C_1——每个备件一个月内的存储费用；

C_2——每批备件的建立费；

N——备件几个月内的需要量；

n——备件储备时间。

C_1 应包括备件在仓库中存放而产生的仓库折旧费用、备件减值和资金占压利息等。C_2 为采购备件所需的各种费用，包括采购人员工资、差旅费等。C_2 与采购的备件数量无关，与采购次数有关。

当允许出现缺货时，假设 Q 为经济订货量，S 为缺货量，V 为一批货扣去缺货的库存量，则：

$$Q=S+V$$

$$Q=\sqrt{2C_2N/C_1n}\times\sqrt{(C_1+C_3)/C_3}$$

最优允许缺货量：

$$S = \sqrt{2C_2 N / C_3 n} \times \sqrt{C_1 / (C_1 + C_3)}$$

每批订货间隔期为：

$$T = \frac{Qn}{N}$$

其中，C_3 是备件缺货一个月所造成的损失。

> **例 2-7-6** 某饭店每年需要某备件 1 000 个，每个备件储存一个月的费用是 1.5 元，每次订货的建立费用是 400 元，求该备件的经济订货量和订货间隔期。当允许出现缺货时，缺货损失为 8 元/月时的经济订货量和订货间隔期。
>
> **解：**当不允许出现缺货时：
>
> $$Q = \sqrt{2C_2 N / C_1 n} = \sqrt{2 \times 400 \times 1\,000 / (12 \times 1.5)} = 211 (件)$$
>
> $$T = \sqrt{2C_2 N / nN} = \sqrt{2 \times 400 \times 12 / (1.5 \times 1\,000)} = 2.53 (月)$$
>
> 当允许出现缺货时：
>
> $$Q = \sqrt{2C_2 N / C_1 n} \times \sqrt{(C_1 + C_3) / C_3}$$
>
> $$= \sqrt{2 \times 400 \times 1\,000 / (12 \times 1.5)} \times \sqrt{(1.5 + 8) / 8} = 230 (件)$$
>
> $$T = \frac{Qn}{N} = 230 \times \frac{12}{1\,000} = 2.75 (月)$$

4. 粗略分析法（ABC 法）

在实际应用中，饭店设备的种类繁多，备件需要也千差万别，只能对少数常用的和最重要的备件进行经济订货量分析。而绝大多数的备件储备量，是需要用粗略决策法制定基本合理的订货储备，这种粗略的分析法称为 ABC 法。

ABC 法是将库存备件按类别分别进行分析，其程序如下：

① 把备件按单价金额从大到小排列；

② 制成价值分析表；

③ 制成 ABC 分析图；

④ 确定备件分别属于 A 类、B 类、C 类的品种，作出储备金额决定。

一般情况下，把占金额 70%～75% 的若干备件列 A 类（占分析表的前几种，成本累计占 70%～75%）。A 类的备件，其品种数量大概占 10%。再将占金额 25% 的若干种备件列为 B 类，其品种约占 15%～25%。把金额占 5% 的若干种备件列为 C 类，其品种约占 65%～75%。备件的 ABC 分类如表 2-7-6 所示。

表 2 - 7 - 6　备件 ABC 分类参考表

备件分类	品种数占库存品种总数比	价值占库存资金总额比重	管理方式
A 类	10%左右	70%～75%	重点
B 类	25%左右	10%左右	次要
C 类	65%左右	5%～10%	一般

对 A 类备件采取的对策是尽量少储存，限定最高储存量，维持供应；对 B 类备件采取的对策是保持合理的经济订货量，严格盘点制度；对 C 类备件则可适当放大库存量和订货量，减少订货费用。

7.3.4　备件计划

1) 备件计划应注意的问题

备件计划一般有年、月备件请购计划、委托加工备件计划、厂家生产的专用件订购计划等。饭店在做备件计划时，应注意以下问题。

① 交货期有保障和购买容易的通用标准备件，要尽量少占库存，库存重点放在专用备件和来源不便的备件上。

② 严格交货期和违约责任，重视可靠性。

③ 货比三家，尽可能选择质优价廉和运输方便的厂家。

④ 可与供货可靠的厂家签订长期供货合同，这样可节约成本。

⑤ 充分考虑旧备件的修复和再使用的可能性。

2) 备件计划的核定

饭店做备件计划时，对于备件储备金的核定也是很重要的，一般通过以下方法核定。

① 按本年度平均库存金额、消耗金额、实际资金周转期，结合下年度设备检修计划与本年度计划进行比较，考虑预计资金周期等因素进行核定。

② 按备件原值的百分比进行估算。动力机械备件取 2%～3%，电气设备取 3%～4%，管道和暖通设备取 1%～1.5%。

7.3.5　备件保管

备件保管包括备件验收、入库、领用和仓库管理等工作。

1. 验收

备件验收要按照装箱清单，检查合格证，核对备件名称、数量、规格、图号、价格等内容。

委托加工的备件要随箱备有委托加工图纸、合格证等。备件入库时由入库人员填写入库单。

2. 领用

备件领用要有凭据——领用单。饭店要根据自己的实际情况制定领用制度。

3. 仓库管理

① 备件入库后要登记上账，挂好标签卡片，卡片上注明名称、数量、图号、型号、规格等。

② 定期检查，做好备件的防腐、防锈工作，发现问题及时处理。

③ 备件分类存放，摆列整齐。

④ 账目制度健全。

第8章
饭店工程的综合管理

现代的饭店工程管理已经从过去的单一要求保证设备具有良好的技术状态，向经济、技术、人事、信息等综合性的管理方面转化。随着现代科学技术的进步，大量的新技术、新观念应用到饭店的工程管理中，工程管理的内容也从设备的运行和维修转移到了工程的全过程管理（全面管理）。这种全过程管理以获得最大的经济效益为管理总目标，因此，现代饭店的工程管理从过去的纯技术性管理走向了综合管理。而饭店的工程部，也从一个纯粹的技术管理部门转变为一个工程综合管理部门。

本章就饭店综合管理的基本内容进行阐述。

8.1 资产管理

资产管理一般在饭店是财务部门的管理范畴，但随着饭店设备、设施的不断增多，技术含量不断提高，如果只依靠财务部门进行管理已经不适应现代饭店管理的要求。因此，现代饭店的资产管理已经成为财务和工程两个部门的共同责任。

资产管理是一个长期的管理过程，在设备从正式投入使用到报废这样一个长期过程中，始终存在资产管理的工作内容。资产管理是饭店设备管理必不可少的一项工作，其重点是设备实体的完整，它与维修管理共同保证设备的最经济寿命周期费用和最佳综合效能的实现。资产管理保证了饭店设备系统的完整性，从而保证了饭店服务的系统性和配套性，是饭店工程管理的基础性工作。

饭店设备资产必须同时具备以下条件：能提供某种服务效能；使用期限在一年以上；设置费用在一定额度以上。饭店设备资产的种类繁多，在进行资产管理时，一定要做到规范化管理，其主要工作是建立设备档案。设备的建档工作主要有以下几方面。

8.1.1 设备编号

凡列入固定资产范围的设备，在安装调试完毕进行移交投入使用时，都视为固定资产管理，应对其进行编号。饭店设备编号要统一规范，编号方法可根据饭店的惯例自行确定。在编号时，要注意以下几点。

① 编号要统一有序，号码顺序从 1 开始。

② 设备如报废或调剂出饭店，其编号应永久保存，不要用新设备填补旧编号。

③ 设备附件不必另行编号，可用主机编号之后编附属号。

④ 每台设备必须安装固定资产编号牌。

8.1.2　建立设备卡账

在设备进行编号的同时，应对设备建立登记卡和设备台账。登记卡一式两份，一份交使用部门，一份留存工程部。登记卡要记录设备的名称、编号，以及其他的详细资料等设备的基本情况，同时还要登记历次故障的检修情况。设备台账要求一式两份，一份交财务部，用于核算饭店的固定资产，作为掌握饭店各部门拥有设备的凭证，另一份留存工程部。

设备卡和设备台账过去都是纸张卡账，现在随着现代办公设备和技术的大量使用，基本上都使用电子账册管理手段，这大大提高了工作效率。

饭店工程部在资产管理中，每年都要对设备卡、账和实物进行一次全面核对，以落实账物相符。对设备的卡、账进行检查，是工程管理人员的一项重要工作。通过检查登记卡，可以及时了解设备的使用和维修情况，为工程部制订设备的大修、改造和报废计划提供依据。

表 2-8-1 和表 2-8-2 为设备登记卡内容，表 2-8-3 为设备台账内容。

表 2-8-1　设备登记卡（正面）

设备名称		设备编号	
设备型号		设备规格	
安装日期		出厂年月	
安装地点		出厂编号	
设备重量		制造厂名	
设备材质		设备原值	
保养周期		已提折旧	
电机功率		设备净值	
额定电压		设备图号	
额定电流		使用说明书	册
额定转速		技术资料	份
工作介质		使用年限	
附件：		备注：	
		填写日期：	

表 2 - 8 - 2 设备登记卡（背面）

检修记录					
日期	修前存在问题	修后情况	修理费用	检修人	记录凭证号

事故记录			
日期	事故原因	损坏情况	记录单号

表 2 - 8 - 3 设备登记表（台账）

类别	编号	卡号	设备名称	型号	规格	重量	制造厂和国别	出厂日期	安装日期	安装地点	使用年限	原值	年折旧率

146

8.1.3 设备建档

饭店的每台设备都要建档，这是为分析和研究设备服务维修情况而积累原始资料。设备建档主要包括原始资料档案和运行技术资料档案。

1. 设备原始资料档案

1）设备原始资料档案内容

设备原始资料档案主要包括以下内容：

① 设备购置立项审批文件；

② 设备出厂合格证和检验单；

③ 设备安装调试记录；

④ 设备说明书；

⑤ 安装工程设计图和施工竣工图；

⑥ 备件清单；

⑦ 保修证及厂家维修单位的联系地址；

⑧ 安装调试单位及其联系地址；

⑨ 其他随机附带的原始资料。

2）建筑设施原始资料档案内容

作为饭店固定资产的一部分，建筑设施的建档工作也是饭店工程管理的一部分。其原始资料档案包括以下内容：

① 项目建议书、可行性研究报告、设计任务书、项目报批文件、征地文件等；

② 设计招标文件、设计委托书；

③ 工程施工招标文件、施工合同、协议、公证书、建设施工许可证等；

④ 环境影响报告书；

⑤ 各种材料试验记录、构件出厂合格证；

⑥ 图纸会审记录；

⑦ 隐蔽工程验收记录（建筑和设备）；

⑧ 设计和工程变更联系单；

⑨ 工程协调会议记录；

⑩ 工程预决算；

⑪ 工程质量评定、技术资料质量评定；

⑫ 竣工报告、竣工验收记录；

⑬ 项目质量评定表；

⑭ 建筑、结构、水电等的施工图。

2. 设备运行技术资料档案

设备运行技术资料档案主要包括以下内容：

① 设备历次保养修理内容记录；

② 设备报修记录；

③ 设备维修费用记录；

④ 设备检查记录表；

⑤ 设备改造记录；

⑥ 设备试运行记录；

⑦ 设备操作规程。

饭店设备资产管理的目的是对饭店设备进行控制，使其系统化和成套化，为饭店的服务提供强有力的保障。饭店资产管理的工作除了对饭店所有的设备资产进行建档外，对设备流动和报废的管理也是一项重要内容。

8.1.4　设备的流动管理

设备的流动主要有以下形式。

（1）饭店内部各部门之间的调配

这种情况必须到工程部进行备案，更改设备登记卡，重要的设备调配还必须有饭店主管领导的批示。使用部门在未经工程部批准之前绝对不能擅自随意移动设备。

（2）饭店设备的处理

当饭店进行更新改造时，原有的设备有些还具有一定的使用价值，对于这些设备，饭店一般要进行转让处理，收回残值。在进行设备转让处理时，对于设备的价格要进行评估，做到合理，防止资产流失。饭店设备残值应进入饭店设备改造或大修基金，不得算做饭店的产值或挪作他用。设备转让后，要减削饭店固定资产总值，注销财务账、设备台账和登记卡。

饭店的闲置设备应进行封存。设备封存时，必须切断电源、放净内部液体、清点附件工具，同时还要做好防潮、防锈、防尘等处理，要定期搞好清洁和保养工作，不准露天放置，不准将零部件和工具等移做他用。对于闲置设备，饭店如不是将来确定还要使用，能处理掉还是处理掉，这样可以尽量少占用资金，还可以减少保养费用。

设备一旦出现事故，应保护好现场，立即上报有关领导。同时，有关人员应马上赶赴现场进行检查、分析、记录，并按照规定作出处理决定。在事故处理上，饭店应做到三不放过，即："事故原因不查清楚不放过；肇事人没受到教育处理不放过；不采取有效的整改措施不放过。"事故分析报告要及时上报总经理，处理按照饭店的有关制度办理。

8.1.5　设备的报废管理

设备的报废不能简单地按照设备使用年限划线，而应以经济技术评价的结论为依据。一般情况下，凡符合下列条件的设备应考虑报废：

① 国家指定的淘汰产品；

② 设备有形磨损严重，大修后性能仍无法满足要求；

③ 设备技术落后，无形磨损严重，经济效益很差；

④ 设备使用时间较长，更新胜于大修或改造；

⑤ 修理费用昂贵，接近或超过设备价值；

⑥ 设备无法修复。

设备的报废应由使用部门提出申请，工程部会同有关部门共同研究，进行技术鉴定后，进入报废程序。报废设备进行处理后回收的残值进入饭店更新改造基金。设备报废后，财务部门注销固定资产、台账和卡片。

饭店设备改造、更新申请表和报废鉴定书如表2-8-4、表2-8-5所示。

表2-8-4 饭店设备改造、更新申请表

编号：　　　　　　　　　　　　　　　　　　　　　　　　　　　　年　月　日

设备名称			改造或更新项目全称	
型号			要求完成日期	
申请	部门		设计单位	
	负责人		施工或制造单位	
	会签			
要求更新或改造的原因				
费用预算				
效益分析				
设备管理部门意见：			饭店领导意见：	

表2-8-5 饭店设备报废鉴定书

设备名称		使用年限	折旧率	年	％
设备编号		已使用年限	已提折旧	年	元
型号		已大修次数和费用		次	元
规格		原值			元
制造厂		净值			元
出厂日期		预计清理费			元
安装日期		预计残值			元
鉴定意见	设备现状和报废理由				
	技术鉴定意见				
	报废后处理意见				
	设备管理部门意见				
	饭店领导批示				

清理费用				残值回收					
日期	凭证号	费用项目	金额	日期	凭证号	回收项目	数量	单价	金额
合计									

8.2 饭店能源管理

能源消耗是饭店日常运营成本的一大部分。据统计，饭店的能源消耗要占饭店收入的6%左右，对于一些老旧饭店，甚至会达到10%以上。因此，世界各国都十分重视饭店的能源管理，把能源节约作为提高饭店利润的重要手段。在我国，一个面积在60 000～110 000平方米的饭店，其年总能耗大概相当于8 000～180 000吨标准煤，这相当于一个大、中型工矿企业的能耗量。

长期以来，我国饭店业的能耗管理都是一个薄弱环节，能耗使用无计量、能源消耗无定额、能耗考核无标准，致使能源的利用率不高，浪费严重，极大地影响了饭店的经济效益。

随着全世界能源紧张局势的加剧，我国饭店的能源使用成本也越来越高，全社会对于节能的要求也越来越高。因此，我国饭店的许多经营者已经充分认识到了节能的重要性，并且开始下大力气解决和研究节能问题。从目前全国各种类型的饭店管理培训课程的安排看，节能的内容是必有的，这也从一个方面说明对于饭店节能的重视。

饭店的能源利用率是反映饭店能源利用水平的综合指标。能源利用率的高低，一方面取决于供能和用能设备的技术状况，另一方面取决于饭店的管理状况。管理因素对能源的利用率所起的作用，有的时候不亚于技术因素的作用。而我国有相当部分的饭店，在节能管理方面，还都处于随意性的管理，未能做到科学的、计划性的管理。

饭店工程部的职责之一就是为饭店运营提供能源，因此，饭店工程部是饭店能源管理的主要管理者。但是，由于饭店设备、设施的使用是全饭店的事情，因此，饭店的各个部门，从上到下都有自己的节能责任。这就是说，饭店的节能管理是全员性的。

饭店各部门能源消耗的比例如表2-8-6所示。

表2-8-6　饭店各部门能源消耗的比例

部门/场所	能耗/%	平均能耗/%
客房、走廊	18～40	25
舞厅、会议室	5～20	10
大堂、商场	4～12	6

部门/场所	能耗/%	平均能耗/%
餐厅、酒吧	20～40	30
洗衣房	7～13	10
行政办公	3～12	10
室外照明、电梯等	4～12	8

对于饭店节能管理，必须要做到有计划、有组织、有目标，其基本工作主要有以下几个方面。

① 建立饭店的节能领导小组，由总经理和主管副总经理牵头，由工程部经理主要负责。

② 进行现行饭店能耗的普查，建立能耗档案。

③ 制定现时能耗的监控措施。

④ 确定近期的节能目标。

⑤ 制定近期的节能措施。

⑥ 确定饭店整体要达到的节能目标。

⑦ 制定长期的节能措施，包括设施的改进、操作规程的制定、有关政策的调整等。

⑧ 执行节能措施，并监督计划的执行情况。

8.2.1 饭店能源管理工作的特点

1. 定量化

饭店在购买、加工、转换、使用能源时，必须首先要有一个"定量"的概念。定量化是能源管理的基础，只有在定量的基础上，才能实行能源的定额管理，制订能源的供需计划；才能开展能量平衡，正确评价耗能设备和饭店能源的利用效率；才能制定合理的能源规划和准确的能源供需预测。

定量化的方法需要采用大量的统计数据。完整可靠的数据，是确定能源定量化管理的基础，也是运用计算机进行饭店能源管理的基础。

2. 系统化

饭店使用任何一种能源基本上都需要经过购入、转换、输送直到使用等阶段，各个阶段构成了一个完整的能源利用过程，这称之为能源系统。饭店的能源系统主要有电力系统、燃煤（油）系统、蒸汽系统、水系统、燃气系统等。饭店要进行有效的能源管理，必须从系统化观念出发，运用系统工程的方法，对各因素综合考虑，以获得最优利用能源的方案。

3. 标准化

由于能源的种类较多，发热量不同，各个饭店的用能结构也不同，因此在能源统计、平衡和利用的取数、折算和分析中，必须要有统一的标准。能源标准化工作是能源科学管理的重要组成部分。

4. 制度化

饭店能源的利用是一个系统工程，在能源利用的过程中会涉及饭店内部各个部门、各管理层和全体员工，也会涉及饭店外部的相关能源供应部门。因此，要进行有效的能源管理，必须建立和健全各项规章制度，将能源管理的组织机构、职责范围、工作程序、操作规程、节能要求等以文字形式明确下来，作为员工的行为规范和准则。同时，还要与社会能源供应单位搞好关系，尽量减少能源供应的外部障碍。最重要的是，还要及时了解国家和地方有关能源和环保方面的法律、法规，做到守法使用能源。

HOTEL

8.2.2 饭店工程部能源管理的主要工作

饭店工程部肩负饭店能源管理的主要工作，其工作范围是广泛的，既包括饭店外部的公共关系工作，又包括饭店内部的能源控制工作。其工作内容既有技术层面的，也有政策方面的。归纳起来，其主要有以下工作内容。

1. 技术方面的工作

① 对饭店能源的使用情况进行连续不断的监控，及时发现问题，及时找出问题症结所在，并提出技术改进措施。

② 对能源系统进行维修保养，使其达到最佳工作状态，并有应付突发事件的能力。

③ 对新购设备进行能源利用的可行性分析，从整体上考虑能耗与购买价格的关系并作出评价。

④ 进行饭店能源计量工作的管理。

⑤ 制订设备的维护保养计划。

⑥ 统计、核查、分析饭店能源的消耗情况，找出问题，提出改进意见。

⑦ 进行有关的培训工作。

2. 政策方面的工作

① 及时了解国家有关能源、环保方面的各项政策，并在饭店设备使用方面进行调整和改进。

② 制定饭店内部能源使用的各项管理制度。

③ 确定饭店内部能源使用的定额标准。

3. 计划与采购方面的工作

① 进行有关能源设备和耗能设备选择的调查与谈判，寻找最佳的供货商。

② 作出能耗费用的预算和使用计划。

4. 公共关系方面的工作

① 与各能源供应部门搞好关系，保证饭店的能源供给。

② 与饭店各部门搞好关系，处理好有关能源消耗及费用上的分歧。

③ 通过各种手段在饭店内部宣传节能的意义和目标，普及节能知识。

④ 在饭店内部建立能源信息网络，鼓励员工提出好的节能建议，并对行之有效的建议给予奖励。

5. 能耗调查工作

饭店的能源管理工作，首先是要对本饭店的能耗情况心中有数，需要对饭店能耗情况进行全面清楚的调查了解和分析。

在进行调查中，工程部要充分利用调查和统计的方法，精确地了解饭店各部门、各部位的能耗情况，以便为制定能耗标准和指标打好基础。调查和统计工作主要集中注意饭店能源是如何消耗的和耗能集中的设备，其结果是饭店制定节能措施的基础。调查分详细调查和一般观察两种。详细调查要作出精确的统计报表；一般观察是指详细调查以外的设备和其他影响能耗环节的调查。饭店将详细调查和一般观察结果结合起来，从而获得饭店总体能耗状况，据此制定有关的方针政策。

1）详细调查

详细调查应从实质上鉴定、核算，从外表上检查饭店所有的能耗设备，应以部门、场所和系统装置为基础收集资料，并制成统计表。每个部门和场所都要自成表格，表格应进行分类，主要包括电力消耗（额定值、实际使用值、全年总消耗值等）、热力消耗、水消耗等。

2）一般观察

一般观察要由专业人员负责，应走遍饭店的每一处场所，包括外部的停车场和附属设施等。一般观察应着重注意以下内容。

① 在供冷和供暖时，门窗是否关闭。

② 门窗的密封是否完好。

③ 外墙是否有破损而造成保温层破坏。

④ 白天是否充分利用了自然光，夜间是否照度过高。

⑤ 是否可以利用外部条件对建筑的影响。

⑥ 空调的温度是否在国家规定的饭店等级标准之内。

⑦ 照度水平是否达到标准。

⑧ 在不使用的情况下，照明是否关闭。

⑨ 设备是否在最佳运行状态。

⑩ 是否有设备在不必要地运行。

⑪ 设备和管道的保温状态是否完好。

⑫ 各系统和部件（各种阀门、插口、水龙头等）是否有泄漏。

⑬ 设备是否经常处于满负荷运行状态。

⑭ 水温是否与具体服务内容相适应。

⑮ 对能源浪费现象，员工能否认识和报告。

⑯ 员工能否自觉进行节能行动。

3）能源研究报告

将详细的调查结果和一般观察结果汇总统一，作为饭店节能整改措施的依据。然后，再结合其他资料，得出完整的能源研究报告。能源研究报告应包括以下内容。

① 过去的能耗、天气情况的统计。

② 饭店现在各种能源系统的设计，以及安装系统图和控制系统图。

③ 现行的维护保养计划。

④ 工程部人员的情况（包括个人素质、工作业绩等）。

⑤ 各部门能源使用现状及调查统计表。

⑥ 现在主管领导对能源管理的认识和态度。

⑦ 操作上的建议、管理上的建议和对系统改进的建议。

⑧ 近期和远期的节能计划和措施。

8.2.3　能源管理计划

图 2-8-1 为制订饭店能源管理计划的流程图。

制订饭店能源管理计划，饭店决策层是领导核心。其工作主要是制定有关政策、程序、目标和准则，并实行有效的监督。

饭店在制订任何能源管理计划时都要注意，任何方案和措施都要以改进经营和服务

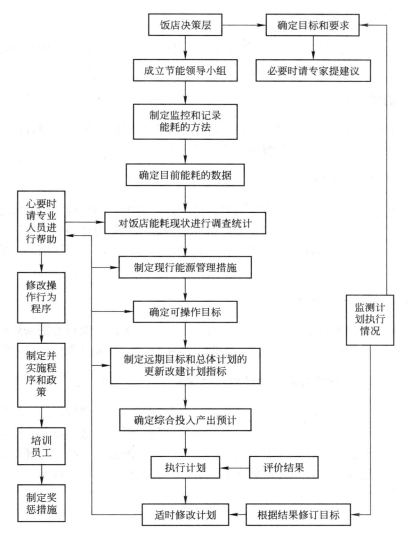

图 2-8-1 制订饭店能源管理计划流程图

质量为前提，不能以降低服务标准为代价。当饭店经过一系列工作以后，应当成立一个专门的能源管理机构负责能源管理计划的执行，并进行监督。这个机构的日常执行应由工程部经理负责，饭店各部门的经理为机构成员。

　　在确定能源管理计划后，各种能耗指标都要以量的方式确定下来。饭店要出台各种操作规程和规章制度，并照章执行。在执行饭店的能源计划中，对员工的培训和教育是计划能否顺利执行的关键。饭店必须通过培训，使员工准确知道他们的职责，认识到管理的必要性。饭店在制订能源管理计划时，必须注意以下几方面问题。

1. 要清楚存在的问题

饭店对于自己在能源管理上存在的问题必须做到心知肚明，前述所做的详细调查和一般观察等工作，都是为了查清问题。

2. 工作的重点是解决问题

饭店的能源管理问题可能很多，不可能一下子全部解决。饭店在制订能源管理计划时，应按重要性排列问题，优先解决最重要的问题。

3. 制定切实可行的目标

盲目减少能耗是不可取的，节能的目标必须建立在饭店使用现状的基础上，建立在饭店服务标准的基础上。准确地确定节能目标是饭店能源管理计划成功与否的关键。饭店的节能目标可分为近期目标和远期目标，在制定目标时，必须有详细的节能措施和实现条件。

4. 制订合理可行的计划和措施

饭店的能源管理不可能一下子完成所有的工作和任务，在执行节能措施时，要优先考虑环保问题。由于受到费用和时间的限制，应执行节能最多又最快的技术措施。

5. 饭店要制订具体的能源管理计划和时间表

对于能源管理，饭店必须做到有计划。计划的制订应该按照饭店的具体情况而全面考虑，不能完全照搬别人的经验或教科书。节能计划应循序渐进，不能搞运动，休克式疗法，希望一蹴而就，因此，要有时间表，按照时间表的要求，科学合理地制定节能指标。同时，饭店还要在制定节能时间表的同时，一并出台相应的整改措施。这些都是能源管理计划中的内容。

6. 分清责任

在制订计划时，必须明确部门以至于员工的责任。责任不明确，计划只是一纸空文。责任和任务是不可分割的两部分，在确定责任和任务时，一定要做到合理、有利，符合实际的工作分区和职责，这样才能让员工自觉接受任务、承担责任。

7. 适时进行监督考核

饭店应定时对能源管理计划的实际情况进行监督考核。饭店应成立专门的考核委员会负责考核，并对考核结果进行技术评估，以验证计划的优劣，并不断提出整改方案和处理意见。

8. 坚持计划的执行和连续性

饭店的能源管理计划必须坚持不懈地进行下去才会见到成效，急功近利只能取得一时的成效，不能获得长久稳定的效益。要保证计划的连续性，饭店必须将计划形成制度，使之在员工中深入人心，成为工作程序的一部分，而不是一场运动。能源管理计划应是饭店制定操作标准规程，进行员工培训的基础。

9. 能源管理是全员性的

全员的概念是指发动全体员工参加能源管理计划的制订。员工直接接触各种设备、设施，可以发现许多专业人员注意不到的事情，提出有效的合理化建议。员工的支持、合作和兴趣，是饭店能源管理计划取得成功的先决条件。

在制订能源管理计划中，一个非常重要且又容易引起争议的内容是能源费用的部门分摊问题。这应是与饭店工程管理经济责任制挂钩的问题。由于饭店的能源管理一般都是由工程部负责，所以能源费用都是由工程部承担，即由饭店完全承担。这样的后果是饭店各部门对能源控制不重视，因为能源没有和本部门利益发生直接联系。这是饭店在进行能源管理中遇到的基本性问题。对这一问题的根本解决办法，就是实行能源管理的经济责任制，部门要承担能源费用。

部门承担能源费用必然涉及能源计量的问题。对于这一问题，饭店可以通过为各部门安装计量装置的方法解决，计量得出的费用直接计入各部门的经营成本。对于新建和改造期的饭店，在建设和改造过程中，可以直接安装计量装置。对于正在运行的饭店，可以进行专题计量改造。如果饭店暂时不进行改造，可以采用制定能耗费用指标的方法加以解决。能耗费用指标的确定应以各部门以往的运行能耗为基础，结合设备的容量和工作量，共同综合得出一个合理的指标。在制定这一指标时，饭店可以利用计算机动态模拟运行的方法，以获得的相关信息为依据，产生饭店能源消耗的动态模型，从而确定能耗量和能源费用。

8.3 饭店工程的经济管理

饭店工程的经济管理是饭店工程管理的重要组成部分，它主要是通过经济评价，对设备的费用效益进行评估，获得最佳的设备运行经济指标。饭店工程的经济管理工作应该从设备的选型阶段就开始进行，而在设备的运行过程中，通过设备管理的经济责任制，来加强管理和控制。因此，饭店工程的经济管理是一种以经济分析为基础、以行政管理为手段的工程管理方法。其目的是为了获取设备的最经济寿命周期费用。

8.3.1 设备寿命周期费用的评价

在前述中，对设备寿命周期费用的定义进行过阐述，这里主要介绍设备寿命周期费用的评价方法。评价设备寿命周期费用的目的是对效率、费用、时间等要素进行权衡分析，从而选择设备的最优方案。设备寿命周期费用已经成为饭店选择设备和使用设备的重要参数之一。对于饭店工程管理来说，设备寿命周期费用对设备的选型、使用和维修，都有重要的指导意义。

评价设备寿命周期费用的一般步骤如下。

① 明确设备系统的目标，定量说明设备系统应具备的功能和性能要求。

② 列出所选方案，说明各种方案的特点、工期和所需要的费用。

③ 明确对系统效能和寿命周期费用评价应考虑的要素并加以量化。

④ 评价方案，对认为可行的方案进行费用和效率估算。估算要运用与所选择设备有关的各种计算知识和利用系统参数，把费用固定，选出效率最优的方案；把效率固定，选出最低费用方案，最后从费用和效率两方面对方案进行比较优选。

根据前述设备寿命周期费用的定义，可以得到以下公式：

$$Y_1 = K_0 + t \times v$$

式中：Y_1——设备寿命周期费用；

K_0——设备原值；

t——设备使用年限；

v——平均每年维持费。

对于饭店设备费用的考核，应该选择以设备寿命周期费用为标准，考虑最经济的设备寿命周期费用，而不能只是一味地考虑购置费用最低。

8.3.2 设备维修的经济性评价

1. 维修活动与维修费用的关系

饭店设备在一定的技术经济条件下，增加维修活动的次数、深度和广度，能够减少由于性能劣化和故障停机所造成的损失，但却会增加维修费用。若减少维修活动的次数，虽能节约维修费用，但却增加了设备性能劣化和故障停机的损失，并严重影响饭店声誉。因此，必须统筹衡量两个方面的得失，力求达到维修费用与劣化、停机损失之和接近最低。图2-8-2所示为饭店设备维修活动与费用的关系。在维修活动中，维修的次数、进度、维修计划、维修方式、维修方法的确定，都应根据这一经济原则考虑。凡是超额维修或维修不足，从经济的角度都是不可取的。

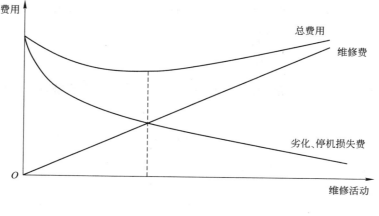

图 2-8-2　饭店设备维修活动与费用的关系

2. 设备大修的经济评价

设备大修允许费用界限是分析大修投资费用及其效果的一种评价方法。对于单台设备大修的允许费用范围，当大修费用低于购置同型号的设备价格时，进行大修在经济上是合算的，在实际测算时，还要考虑设备的余值。其计算公式为：

$$F+K_1<S$$

式中：F——设备大修的概算费用；

K_1——设备大修时的余值；

S——购置同型号设备的价格。

但有一点必须清楚，饭店应保持设备技术的先进性。在设备使用年限较长，设备折旧将要提完时，大修费加上余值（$F+K_1$）虽然比购置同期同型号的设备 S 低，但如果超过重置价格的 50% ，大修也是不经济的。

8.3.3　设备更新改造的投资分析

1. 设备最佳更新周期

一般情况下，设备的经济寿命就是设备的最佳更新周期。设备最佳更新周期可以用低劣化数值法获得。举例来说，某设备原值为 K_0，当使用到 n 年以后，余值为 0，则每年分摊的设备费用为 K_0/n。随着使用年限 n 的增加，K_0 平均分摊的设备费用不断减少。由于设备的使用时间越长，其磨损越严重，设备的维护修理费和燃料、动力消耗费用的增加也越来越多，这就是设备的低劣化（或称综合老化损失）。这种低劣化每年以 λ 的数值增加，则第 n 年的低劣化数值为 $n \times \lambda$，n 年中平均低劣化数值为 $n \times \lambda/2$。设备每年的费用为以上两项费用之和，因此平均每年的设备费用总和为：

$$y = n \times \lambda/2 + K_0/n$$

为求得使设备费用最少的使用年限，取 $\mathrm{d}y/\mathrm{d}n = 0$，将算式整理，得到最佳更新年份为：

$$n = \sqrt{2K_0/\lambda}$$

式中：n——设备更新的最佳周期；

K_0——设备原值；

λ——每年低劣化增加值。

HOTEL

例 2-8-1 某台设备原值为 7 000 元，每年低劣化增加值为 400 元，求最佳更新周期。

解： 最佳更新周期为：

$$n = \sqrt{2K_0/\lambda} = \sqrt{\frac{2 \times 7\,000}{400}} = 5.91 = 6(年)$$

该设备各使用年限的年总费用数值计算结果如表 2-8-7 所示。

表 2-8-7 例 2-8-1 设备各使用年限年总费用表   单位：元

使用年限 n	年平均设备原始投资 K_0/n	年平均低劣化值 $\lambda_n/2$	年平均总费用 y
1	7 000.0	200	7 200.0
2	3 500.0	400	3 900.0
3	2 333.3	600	2 633.3
4	1 750.0	800	2 550.0
5	1 400.0	1 000	2 400.0
6	1 166.7	1 200	2 366.7
7	1 000.0	1 400	2 400.0
8	875.0	1 600	2 475.0

将表 2-8-7 的数值画出总费用曲线图，则如图 2-8-3 所示。

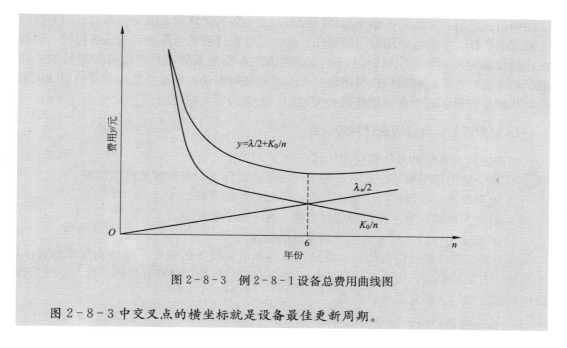

图 2-8-3 例 2-8-1 设备总费用曲线图

图 2-8-3 中交叉点的横坐标就是设备最佳更新周期。

2. 设备总成本现值比较

设备使用到最佳更新周期后，不一定立即报废更新设备，可以通过大修或技术改造恢复设备的技术性能。如果饭店的经营目标有变化，如将整个饭店全部更新、改造，设备继续使用的时间缩短了，因此可以继续使用。一台到了更新期的设备一般有 5 种处理方案。

① 旧设备原封不动地继续使用。
② 对旧设备进行大修。
③ 对旧设备进行技术改造。
④ 更换性能相同的新设备。
⑤ 更换先进的新设备。

设备总成本现值比较法是将各种方案在同期内的设备使用费用总额的现值求出来，然后利用设备输出系数去除，得到各方案设备总成本的现值。经过比较，其值最小的，就是应该采取的最佳方案。

8.3.4 设备管理的经济责任制

饭店设备管理的经济责任制是饭店工程管理的一项非常重要的制度，其目的是为了提高饭店的经济效益。饭店设备管理的经济责任制的中心思想是将原来完全由工程部管理饭店设备的方法，改为按照责、权、利结合的原则，把设备的经济责任层层落实到各

HOTEL

饭店工程的综合管理 第8章

使用部门、班组和职工，由单一的部门管理，变为饭店全体职工的全员管理；由单纯的工程部的责任，变为各使用部门的责任。这种经济责任制是合理的，也是可行的，因为饭店的设备遍布于各个职能部门，如完全交由工程部全面管理，则结果必然是效率降低。如果饭店各职能部门只是使用设备而不承担任何责任，则必然造成设备使用的随意性，从而导致设备的寿命周期费用大大增加，设备的寿命缩短。

1. 采用设备管理经济责任制的优点

饭店采用设备管理经济责任制的优点如下。

① 减少使用部门对于设备、设施出现问题后责任不明和互相扯皮的现象。

② 减少设备在使用部门中使用过度、不知爱护的现象。

③ 解决工程部日常工作忙于应付维修、疲于奔命的问题。

④ 解决使用部门无限度地申请新设备的问题。

实行设备管理的经济责任制，就是要明确和落实设备的使用、维修和管理的责任，做到使用有规章制度，占有有经济责任，维修有计划核算，管理有指标考核，使饭店设备的维修管理纳入正常的良性轨道。

2. 设备管理经济责任制的内容

1）建立设备管理经济责任制的指标体系

饭店建立设备经济责任制要求确立各层次的管理人员和员工的责任内容，在各部门实行责任承包。饭店的决策层负责设备占用和决策管理的总体责任，负责饭店设备的全面管理工作。工程部是工程维修的职能部门，承包饭店公共设备的使用、维修、管理、费用等的资金占用，承担人员培训和其他部门使用设备的维护指导等业务指标。设备使用部门承包设备使用规定范围内的维护工作指标，同时也要承担设备的占用、人工、物耗、能耗、统计核算、人员培训等工作指标。

2）建立各部门服务的指标体系

所谓服务的指标体系，就是各部门服务的工作指标。这种服务指标体系既包括饭店各部门对外服务的标准指标，也包括饭店内部各部门相互之间服务和协调的指标标准，如工程部向其他部门提供能源，要设立供应的标准。

3）建立制约和监督体系

对于饭店的设备服务，在制定了服务标准指标后，还应建立相应的检查和考核体系。制约与监督既是一种控制和激励，也是一种反馈和指导。饭店应成立专门的机构和制定相应的考核指标，对各部门的设备管理情况统一进行检查和考核。

3. 设备管理经济责任制的指标体系

设备管理经济责任制的指标体系主要包括以下内容。

① 决策管理指标，主要责任者是饭店的决策管理人员。

② 资金占用指标，主要责任者是工程部和各使用设备的部门。

③ 人工费指标，主要责任者是工程部和各使用设备的部门。

④ 物耗、能耗指标，主要责任者是工程部和各使用设备的部门。

⑤ 维护指标，主要责任者是工程部和各使用设备的部门。

⑥ 设备情况指标，主要责任者是工程部和各使用设备的部门。

⑦ 统计核算指标，主要责任者是工程部和各使用设备的部门。

⑧ 会计核算指标，主要责任者是财务部。

建立完善的设备管理经济责任制指标体系后，饭店工程管理将改变原来的无序状况，工程的投入也不完全是饭店的消耗投入，而可以核算到饭店的各个部门成本中。例如，当某一部门向工程部报修时，工程部就可以依据报修单所记载的工时、工料消耗记录，与报修部门进行核算，计入报修部门的成本。建立这种指标体系，可以杜绝饭店设备使用中的占用大锅饭、野蛮使用等多种弊端。

4. 建立经济责任制的基础工作

1）清查设备，核定资产

清查设备和核定资产主要是对饭店各部门所使用的设备进行清查，查清数量、购置费、折旧情况、使用年限和现在的性能情况等。清查后，需要进行登记、建账，落实占用的设备资金数量，为建立指标体系提供详细资料。

2）核定能耗指标

根据各部门的设备情况，核定能耗指标。在考虑能耗指标时，要适当考虑将来改造的增容需求。各部门的能耗指标是将来收费的依据。对于各部门来说，如超过能耗指标，能耗费用将有所增加。

3）对上岗人员进行培训

对设备操作人员和全体人员进行培训。培训包括两个方面：①操作培训；②观念和制度培训。培训的目的是让员工了解经济指标和制度，掌握设备的使用技能，达到上岗要求。同时，还要对员工制定各种考核指标。

4）建立各种规章制度

饭店工程管理的经济责任制必须以管理制度作为保证。管理制度包括岗位责任制、设备管理制度、指标考核制度、统计核算制度、会计核算制度、业务核算制度、定额制度、报修制度、各种维护保养制度、维修管理制度等。

5）建立指标考核系统

建立指标考核系统主要是按照实际情况确定定额，包括劳动消耗定额、资金定额等。通过各种定额，可以明确管理过程中的人力、材料、资金等的使用标准。进行指标考核要注重管理和操作的标准化和程序化，要做到表格化。同时，还要建立完善的计量和监测系统，以便及时、正确地反映情况。

5. 搞好经济核算

在饭店售价中，设备运行的费用是价格构成的一部分，主要是设备折旧和维持费用（包括能耗和维修等费用）。因此，为了降低营业成本，提高饭店的利润，必须通过经济核算的办法，有的放矢地对投入和产出进行控制。

经济核算不仅是饭店财务部门的事情，还涉及饭店的各个部门，贯穿设备管理的各个环节。经济核算包括会计核算，也包括统计核算和业务核算，要从不同角度对饭店的设备管理活动进行全面反映。会计核算是以货币的尺度，对设备管理过程中的成本和资金的占用情况进行考核，以找出漏洞和规律。统计核算是从数量方面对实物、工时、货币等管理过程中的经济现象进行研究，获得现实工程管理过程的现状和实际水平，为工作改进提供依据。业务核算是对具体的业务进行核算，以便掌握具体业务的经济情况。

经济核算的目的是对经济活动进行分析，找出饭店设备管理过程中的薄弱环节，提出整改措施，分析的主要内容如下。

1）指标分析

指标分析主要是分析指标的执行情况，指标包括质量指标和成本费用指标。通过指标分析了解维修管理中的组织、物供、技术措施等对指标完成情况的影响。

2）劳动力分析

劳动力分析是分析人员的工作安排、组织和工作效率情况，研究提高工作效率的方法。

3）备件材料分析

备件材料分析是分析备件供应的规律及价格变化的影响，找出最佳备件供应的方法。

4）设备分析

设备分析是分析主要设备的预期寿命周期费用与效率和核算资料之间的吻合程度，掌握设备的寿命周期费用和使用老化程序，分析研究是否采用大修或改造更新等措施。

5）财务分析

财务分析是根据财务核算资料，分析定额成本与实际成本的关系，分析资金的使用和来源情况。

分析的方式和分析的范围可以是多层次、多种多样的，但一定要数据准确齐全，情况真实清楚，内容全面系统。

HOTEL

8.4 工程信息管理的数据库建设

饭店工程的信息化管理是工程管理的一项基本工作，是决策和控制必不可少的资料和依据。

随着计算机和网络技术的应用，现代饭店的信息管理已经由原来以纸张卡片为主要记载工具，转变为以计算机网络数据库管理的模式。这种转变不仅是承载信息载体的变化，更重要的是使工作效率大大提高。但无论是以纸张卡片为主要载体，还是以计算机数据库为载体，饭店工程信息管理的内容是相同的。

饭店工程信息是多方面的，有工程系统内部的，也有工程系统外部的；有技术层面的，也有政策层面的。

8.4.1 工程基础资料的建立

1. 工程基础资料的建立步骤

工程基础资料分为建设工程基础资料和设备基础资料两部分。工程基础资料的建立应该遵循以下步骤。

① 收集饭店的建设档案。

② 对设备进行登记，核对设备铭牌，确认饭店所有设备状况。

③ 收集设备说明书、操作手册等由供应商提供的技术资料。

④ 对设备进行编号，形成饭店设备目录清单。

⑤ 建立设备系统台账、使用台账、固定资产台账。

⑥ 建立反映设备价值和物质运动形态的卡片。

⑦ 收集各设备系统资料。

⑧ 对所有资料进行整理、编号和归档。

2. 工程基础资料的获取途径

工程基础资料主要通过以下途径获得。

① 工程建设原始档案资料，包括立项文件资料、规划文件和图纸、各种批复文件和许可证、设计图纸、工程施工档案、竣工资料、竣工图等。

② 设备运行调试资料。

③ 设备基础资料，如设备铭牌内容、设备操作手册等。

④ 设备运行中形成的数据，如设备运行记录、设备维护记录等。

8.4.2　工程基础资料的内容

1. 饭店建设档案

饭店建设档案包括以下内容。

① 项目建议书、可行性研究报告、设计任务书、项目批复文件、土地使用证、建设用地规划许可证、建设工程规划许可证、环评报告等。

② 设计招标文件、设计合同。

③ 基础勘探报告、基础施工招标文件、基础施工合同、基础测试报告等。

④ 工程施工招标文件、施工合同、施工许可证等。

⑤ 图纸会审记录。

⑥ 开工报告、各种建设用材材质报告、合格证等。

⑦ 隐蔽工程验收记录。

⑧ 监理合同。

⑨ 设计变更联系单。

⑩ 工程变更联系单。

⑪ 工程协调会纪要。

⑫ 预算书。

⑬ 分部、分项工程验收报告。

⑭ 工程质量评定报告。

⑮ 决算书。

⑯ 竣工验收申请报告、竣工验收报告。

⑰ 竣工图。

⑱ 项目后评价报告。

2. 设备系统资料

饭店设备的系统性很强，设备系统资料用于反映设备系统状况，主要包含各设备系统的图纸，反映管道、布线等信息，这对于饭店设备隐蔽安装的管理是十分重要的。因此，饭店对于各设备系统的施工图、竣工图、维修改造图等，都要妥善保管。

3. 设备铭牌

设备铭牌是设备上的标牌，是设备最基本的技术资料，它直接向使用者展示设备的基本参数和信息。饭店要保护好设备铭牌，对铭牌上的数据要进行登记。

4. 设备基本数据库建设

设备基本数据库建设是对设备的所有数据进行全面登记普查。数据库建设有 3 个目的：记录设备的基本参数；收集和体现设备使用状况；用以核对实物和账面的一致性。设备数据库的登记和普查要安排专门人员在统一时间内进行，一般是以设备登记表的形式出现，如表 2-8-8 所示。

表 2-8-8　设备登记表

登记日期：　　　　　　　　　　　　　　　　　　　　　　　　　　　　　　　　编号：

设备名称		设备编号		购置价		资产原值	
档案号		品牌		制造厂		折旧年限	
所属系统		规格型号		购置凭证号		月折旧费	
出厂日期		功率（kW）		购置合同号		申购单号	
使用部门		安装地点					

设备主要参数	参数名称	参数		随箱技术文件	文件名称	页数	

附属设备	名称	规格（功率）		设备附件	名称	规格	数量

	单位名称		地址		联系人	电话
生产单位						
供货单位						
安装单位						
调试单位						
保修单位						

设备状况	处理日期	审批人	凭证号	回收资金
在用□　租赁□ 报废□　借用□ 封存□				

统一时间在设备普查中是十分重要的，如有可能，应安排人员在同一时间进入各个场点清查设备，否则会因为设备的移动造成登记失误。了解设备的使用状况是指设备处于在用、封存、移装、转借、租赁、报废等情况，不同的状况有不同的管理方法。了解设备的基本参数可以通过查看设备铭牌，而核对实物与账面的一致性，是了解固定资产账目是否与实际相符。设备基本数据库不仅要记录设备的铭牌内容，还要收集设备供应商提供的操作、运行手册包含的内容信息。设备数据库的有关设备信息还要包括以下内容。

① 设备设计说明书。

② 设备采购申请报告、批复件。

③ 设备采购合同、联系函件。

④ 供应商资料。

⑤ 设备随箱文件资料，包括装箱单、产品合格证、说明书、照片、图纸、安装图、备件图、备件清单等。

5. 设备编号

设备编号是设备基础资料的一项重要内容，是设备信息管理的基础。设备分类编号的方法很多，根据饭店设备的状况和管理要求，可以采用按照设备性能、用途分类编号的方法。这种方法根据设备的性能、用途，将所有设备分为若干大类，每一大类又分为若干分类，每一分类又分为若干组。每大类、分类、组分别用数字 0～9 代号表示，并依次排列。这样，每种设备就可以用 3 个数字来表示。通过对饭店设备的调查和整理，可以得到饭店设备的分类编号目录。表 2-8-9 所示为设备分类编号目录，它反映了饭店所有设备总成。

表 2-8-9 饭店设备统一分类编号目录

大类	分类	组别	1	2	3	4	5	6	7	8	9	0
0 供配电及控制设备	0	发电机及变压器	交流发电机组	直流发电机组	干式变压器	有载调压干式变压器	油浸式变压器	有载调压油浸式变压器				
	1	高压配电设备	进线柜	计量柜	联络柜	出线柜						
	2	高压控制设备	操作屏	控制屏	信号屏	直流屏	蓄电池柜					
	3	低压配电设备	进线柜		联络柜	出线柜	发电柜	电容柜				
	4	配电控制设备	动力控制柜	动力配电柜	计量配电箱	照明配电箱	音响配电箱	组合插座箱				

大类	分类	组别	1	2	3	4	5	6	7	8	9	0
0 供配电及控制设备	5	电源及整流设备	后备电源	不间断电源	交流稳压电源	直流稳压电源	硅整流器	蓄电池				
	6	组合照明设备	大型吊灯	中型吊灯	舞台追光灯	舞厅灯	计算机灯					
	7	舞台照明设备										
	8	计算机灯										
1 水暖空调设备	0	锅炉	燃气锅炉	燃油锅炉	燃煤锅炉	油热水锅炉	电热水锅炉	蒸汽发生器				
	1	锅炉附属设备	离子交换器	软水水箱	除氧器		分汽缸	分水器				
	2	热交换设备	高效立式热交换器	高效卧式热交换器		容积式热交换器		板式热交换器		冷却水塔		
	3	中央空调电动式冷水机组	活塞式冷水机组	离心式冷水机组	螺杆式冷水机组	模块式冷水机组						
	4	中央空调热力式冷水机组	蒸汽吸收式冷水机组	热水吸收式冷水机组	直燃式冷水机组							
	5	空气处理设备	变风量空气处理机	定风量空气处理机		立式风机盘管	卧式风机盘管	全热交换器				
	6	小型空调设备			柜式空调器	窗式空调器	壁挂式空调器					
	7	空气净化设备	离子发生器	除湿器	空气净化器							
	8											
	9											

HOTEL

饭店工程的综合管理 第8章

饭店工程管理

HOTEL

170

大类	分类	组别	1	2	3	4	5	6	7	8	9	0
2机械动力设备	1	泵	单级离心泵	多级离心泵	管道泵	潜水泵	恒压泵			油泵		
	2	通风设备	轴流风机	离心风机	换气扇			脱排油烟机	防爆风机	风幕		
	3	变速传动设备	炉排变速箱	出渣机	曳引机			变速箱总成				
	4	垂直运送设备	观光电梯	客梯	工作梯	货梯	食梯	自动人行道	自动扶梯			
	5	交通运输设备	大、中型客车	面包车	小轿车	货车	行李车	冷藏车	油罐车			
	6	工程维修设备	车床	钻床	套丝机	弯管机	压力机	高空作业台	砂轮机	电焊机	烘箱	
	7	木工机械设备	木工车床	木工锯床	刨床							
	8	电动工具	电锤	电锯	电刨	电钻	铆钉枪		真空泵	空压机		
	9	工作车	高空工作车	布草车	万能工具车							
	0											
3通讯、信息设备	1	程控电话设备	数字交换机	模拟交换机	话务台	维修终端		多功能话机	普通话机	电传机	传真机	
	2	无线通信设备	传呼台	无线发射机	BP机	无线电台	对讲机		手提电话		车载电话	
	3	计算机管理机	小型机	终端	PC机		收银机	账单打印机	笔记本电脑	POS机	扫描仪	
	4	楼宇管理设备	网络控制器	网络终端	传感器		温控仪	手提检测仪				
	5	磁卡门锁设备	制卡机	电子门锁								
	6	电视监视设备	彩色摄像头	黑白摄像头	画面分割器	光盘刻录机						
	7	消防报警设备	回路盘	报警控制器	联动控制屏	水流指示器		煤气报警器	广播控制台			
	8	保安服务设备	红外线报警器	微型终端感应器	红外线报警控制器	红外线报警操作台			报警式保险箱	普通保险箱		
	9	电气测量仪器	场强仪	示波器	频率计		万用表	兆欧表	钳型电流表			
	0											

大类	分类	组别	1	2	3	4	5	6	7	8	9	0
4 音频、视频设备	1	节目源设备	FM/AM调谐器		激光唱机	卡座	传声器	DVD				
	2	放大控制设备	功放	节目分配器	调音台	倒备切换机	监听器	信号分频处理器	音响	喇叭		
	3	音频处理设备	频率均衡器	压缩限制器	延时器	混响器	激励器	点歌器				
	4	同声传译设备	中央控制器	红外线发射器	主席机	代表机	传译器	红外线接收器	耳机			
	5	CATV设备	卫星接收天线	电视接收天线	卫星接收机	高频头	频道转换器	混合器	放大器	制式转换器	发射机	
	6	CCTV设备	摄像头	万向云台	摄像控制器	多功能切换机	画面分割器	字符发生器	时间/日期发生器	长延时发生器	指令切换机	操作盘
	7	节目制作设备	摄像机	录像机	特技机	编辑机	电视电影转换机	计算机成像机				
	8											
	9											
5 厨房设备	1	主食加工设备	和面机	压面机	切面机	面团分割机	淘米机	包饺子机	磨豆浆机			
	2	肉食加工设备	绞肉机	肉片机	切割机		搅拌机	锯骨机	粉碎机			
	3	蔬菜加工设备	洗菜机	切菜机	切片机	球根剥皮机	切丁机	碎菜机	打蛋机	榨汁机		
	4	饮料加工设备	雪粒机	制冰机	冰淇淋机	果汁冷饮机	咖啡机	饮料制兑机	热酒机	酒吧组合机	奶昔机	
	5	电热炉具	电灶	电炸炉	电烤箱	电热锅	保温箱	微波炉	电开水炉	电磁灶	爆玉米机	
	6	煤气炉具	炒炉	油炸炉	烤炉	汤炉	蒸炉	快餐灶	煤气开水炉	烤乳猪炉		
	7	蒸汽灶具	蒸柜	蒸饭车	蒸汽套锅	蒸汽稀饭锅			蒸汽开水炉	醒发箱		
	8	冷藏冷冻设备	冷藏库	活动冷库	立式冰柜	台式冰柜	冰箱	立式陈列柜	卧式陈列柜		冰淇淋柜	
	9	食品运送车	煎炸车	早茶粥车	保温餐车	汤粉车	熟食车	点心车		酒水车		
	0	啤酒加工设备	糖化罐	过滤罐	发酵罐	过滤机	贮酒罐	磨麦机				

HOTEL

饭店工程的综合管理 第8章

饭店工程管理

HOTEL

172

大类	分类		1	2	3	4	5	6	7	8	9	0
6 洗衣、清洁、消毒设备	1	洗衣设备	干洗机	全自动洗衣机		普通洗衣机	工业洗衣机	脱水机		干衣机		
	2	熨烫设备	大烫机	人像机	万能夹机	工衣夹机	真空烫台		特型夹机		手熨斗	
	3	洗衣辅助设备	折叠机	打码机	去渍机		缝纫机	拷边机				
	4	吸尘、吸水设备	吸尘机	直立式吸尘机	肩背式吸尘机	两用吸尘机	地毯清洗机		干泡洗沙发机			
	5	地面清洁设备	刷地机	多功能洗地机		电子打泡机	清洁打磨机	上油机	扫地机			
	6	其他清洁设备	打松机	地毯风干机	撒粉机	干洗清洁机	高压射水机		擦窗机			
	7											
	8	餐具清洁设备	洗碗机		洗杯机	容器清洗机	银器抛光机					
	9	清洁消毒设备		电子消毒柜	蒸汽消毒柜	紫外线消毒柜	紫外线灯		毛巾保湿机			
	0											
7 健身、娱乐、美容设备	1	健身设备	登山机	组合健身器	跑步机	室内自行车	单项健身器	划船器	滑雪练习器	按摩机	体能测试仪	
	2	保龄球设备	排瓶机	回球机		电脑记分器	犯规警告器					
	3	桑拿设备	桑拿炉	按摩浴池	三温池							
	4	电子游戏设备										
	5	休闲设备	台球桌	自动麻将桌		模拟高尔夫机						
	6	乐器	钢琴	电子琴	手风琴	提琴	电吉他	爵士鼓				
	7	美容美发设备	理发椅	吊臂焗油机	面膜机	拉皮去斑机	洗头椅	大吹风	离子喷雾机	美容椅		
	8	医疗保健设备										
	9	游泳池设备										
	0											

大类	分类	组别	1	2	3	4	5	6	7	8	9	0
8其他设备	0	消防设备	高倍泡沫发生器	1301灭火机	1211灭火机		泡沫灭火器	干粉灭火器	二氧化碳灭火器			
	1	水处理设备	活性炭过滤器	沙过滤器	紫外线消毒器		净水器					
	2	环保设备		除尘器	脱排油烟机	消音机	水锤吸收器					
	3	储水、储油设备	蓄水池	气压水箱		水箱		储油罐	日用油罐			
	4	高压容器	液化石油气瓶	氧气瓶	乙炔瓶							
	5	办公设备	打印机	复印机	碎纸机		照相机		验钞机	打卡机		
	6	演示设备	投影仪	幻灯机								
	7	印刷设备	平板胶印机		凸版印刷机	名片机	烫金机	装订机				
	8	彩扩设备	胶卷冲洗机		彩色扩印机	放大机						
	9											
9家具	0	桌子	经理桌	办公桌	电脑桌	大圆桌	圆桌	方、圆桌	西餐桌	组合桌	客房办公桌	大/小会议桌
	1	椅子	转椅	折椅					躺椅			
	2	沙发	组合沙发	三人沙发	单人沙发							
	3	茶几、小桌	小方桌	小圆桌		茶几						
	4	箱、柜、架	壁柜	货柜	陈列柜	文件柜			行李架	衣架	花架	保龄球架
	5	床	双人床		单人床				按摩床	美容床		
	6	不锈钢家具										
	7	地毯										
	8											
	9	建筑物										

173

HOTEL

饭店工程的综合管理 第8章

设备分类编号目录给出各种设备的一个统一编号，是设备的一个基本编号，是设备管理的基础信息。设备编号还需要其他补充内容，包括设备的顺序编号、设备来源编号、设备地址编号、设备所属部门编号等。

其中，设备的顺序编号是必需的，因为饭店中同一种设备的数量可能不止一台，所以必须通过设备的顺序编号来区分同种设备中的各台设备，使每台设备都有一个独立的编号。

设备的来源编号说明设备的产地。由于进口设备和国产设备在管理技术和内容上的要求不同，所以可以通过设备的来源编号反映设备的性质，以便分别管理。设备的地址编号用于表示设备在饭店的安装位置，这是考虑饭店设备分布广泛的特征，以及饭店工程全员管理的需要。对饭店设备的地址进行编号，首先要对饭店的所有工作单元进行地址编号，这样才可以实现设备的地址编号。在编制设备所属部门的编号前，要对饭店所有部门进行编号。根据管理需要，编号不仅要能反映部门，还要能反映班组。上述所有编号可以用数字表示，也可以用字母表示。设备编号模式如图 2-8-4 所示。

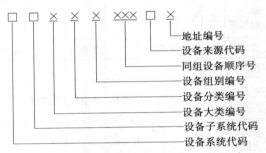

图 2-8-4　设备分类编号目录

6. 建立设备台账

设备台账相当于设备的总目录。饭店设备管理需要建立 3 套不同的设备台账：设备系统台账、固定资产分类台账、设备使用台账。

设备系统台账是用于反映各设备系统一系列的设备状况而建立的设备台账，一般由工程部负责建立。设备的更替、设备系统的改造都可以通过系统台账反映，表 2-8-10 为设备系统分类台账。

表 2-8-10　设备系统分类台账

部门/系统：
第　页　共　页

序号	设备编号	设备名称	规格型号	数量	单位	设备原值	安装地点	卡片编号	备注
1									
2									
⋮									

固定资产分类台账是由财务部编制并使用的表单。固定资产分类台账按照固定资产的分类编制，主要反映饭店的固定资产价值变动情况。因为固定资产每年都要折旧，所以固定资产分类台账每年都要进行调整。例如，饭店按月进行固定资产折旧计提，则分类台账就需要按月调整。由于固定资产台账调整非常麻烦，现在饭店使用计算机就非常简单了。表 2-8-11 为固定资产分类台账。

表 2-8-11　固定资产分类台账

代码	记账凭证			资产编号	设备名称	型号	标准规格	重量/kg	制造厂	出厂编号	出厂年月	使用年月	电动机		资产值/元			年折旧率	移动及使用部门登记			
	来源	验收单号	日期										数量	千瓦	资金来源	购置数量	总金额		部门/年月	部门/年月	部门/年月	部门/年月

设备使用台账是按照各部门拥有的设备，根据其不同的用途编制的台账。设备使用分类台账是由各部门自己编制的，用于各部门设备的管理和资产清点。设备使用分类台账可以采用固定资产分类台账的形式，也可以更简单一些。

7. 设备卡

设备卡是最简单的设备档案，是设备资产的凭证。饭店工程部、财务部和设备使用部门都要设立相应的设备卡，设备卡内容应与台账内容一致。工程部的设备卡内容主要反映设备的基本技术参数和技术状况变动，并对设备每次修理维护工作进行摘录。设备技术卡如表 2-8-12 所示。财务部设立设备的固定资产卡片，其内容主要是反映设备的价值变动情况，包括设备的折旧方式、净值等。饭店固定资产卡如表 2-8-13 所示。

表 2-8-12　设备技术卡

系统：　　　　　　　　　　　　　　　　　　　　　　　　　　　　　　　编号：

设备编号		制造厂名		型号规格		使用日期	
设备名称		出厂日期		额定功率（kW）			
主要技术参数	安装地点		附属设备、附件				
	工作环境	名称		规格		数量	

维修记录（中、大修）

日期	修理类别	承修单位（人）	修理费	备注	日期	修理类别	承修单位（人）	修理费	备注

饭店工程管理

HOTEL

176

设备编号		制造厂名		型号规格		使用日期	
设备名称		出厂日期		额定功率（kW）			

重大事故记录			
日期	事故性质	机损情况	处理情况

处理、报废记录				内部转移记录			
处理日期	处理方式	凭证号	经手人	日期	调入部门	调出部门	凭证号

表 2-8-13　饭店固定资产卡

固定资产名称		固定资产编号		固定资产来源	
制造厂名		出厂日期		规格型号	
投产日期		计量单位		安装地点	
原值		安装费			

附属设备				价值变动记录				
名称规格	数量	单位	金额	日期	凭证	摘要	增或减金额	变动后金额

核定折旧率	估计清理费用				月折旧率	月折旧额	年折旧率	年折旧额
	开始使用日期		已使用年数					
	全部使用日期		尚可使用年数					

内部转移记录			不提折旧的月份记录										
日期	转出部门	转入部门	年月	年月	年月	年月	年月	年月	年月	年月	年月	年月	年月

调拨、报废、清理记录						
	日期	资产原值	累计折旧金额	清理费用	变价收入	保险赔款	清理金额

大修记录	
停用封存记录	

现代饭店的发展趋势是实现办公智能化，即 OAS 管理系统。因此，对于设备管理卡及前述设备台账等设备信息管理，都可以使用设备数据库管理模式。这样可以非常方便和容纳更多信息，如设备卡，可以在计算机中生成菜单，随时调用，随时更改。

8.4.3 故障信息的管理

1. 收集设备故障信息

饭店设备、设施在使用期间发生故障是有规律的，工程管理人员应对故障的信息进行统计、分析，以便找出设备、设施运行和使用的规律。认识设备、设施使用的规律，对于作出相关决策，具有重要意义。

一般情况下，设备如无特殊原因，其故障的发生是有一定规律的。在设备使用早期，故障发生的几率较高，这就是"磨合期"阶段。这一阶段发生的问题，基本上是由于制造、安装等方面出现的问题，或者是由于操作人员不熟练而引发的问题。但在设备使用一定时间后，这些问题就都能解决，设备进入稳定运行期。

设备在稳定运行期，只要不发生意外，故障的概率很小，且都可以随时排除。当设备再次出现故障频发现象，说明设备进入故障期了。设备进入故障期是由于设备的零部件经过长期运转，磨损严重，引起故障率上升。设备进入故障期，预示设备该进行大修了。饭店工程管理人员，应能及时发现设备使用过程中故障的各种变化，适时调整维修计划，及时进行必要的维修，以保证饭店的正常运营。其中，对于故障信息的管理工作非常重要。

在故障信息管理中，首先要做好信息的积累工作，这是进行故障分析的基础。故障信息的主要来源有：报修单记录；巡检报告；运行报告；故障统计资料。

在收集分析故障统计资料时，应特别注意以下问题。
① 多次重复发生的问题。
② 引起重点设备长时间停机的问题。
③ 维修难度大、工时多、费用多的问题。
④ 关键部位和部件的问题。

2. 设备故障信息分析

在获得设备故障信息后，应对这些信息进行分析，以确定对饭店运营的影响性、故障原因等，然后确定相应的处理对策。对于影响性的分析，主要是通过设备发生故障的频率和对饭店造成的损失（停机时间、停机费用）等进行统计分析，以确定采取的措施。当一台设备在一段时间内频繁发生故障，影响饭店的服务时，就必须考虑对该设备的大修改造问题了。这是一种宏观的分析，是饭店进行决策的基础。

设备故障的另一种分析是从微观的角度，对事故的原因进行分析，其目的是找出故障的各种原因，以确定相应的整改措施。其主要的分析方法有"巴雷特"分析法和"故障树"分析法。

1)"巴雷特"分析法

"巴雷特"分析法的目标是分清故障原因的主次，以找出故障的主要原因。其方法是把故障原因出现的频数以百分比表示，然后按照大小排列出"巴雷特"图，以确定主要原因。然后制定相应的整改措施。

例2-8-2 经过统计分析，饭店某设备故障原因为：
① 日常缺乏维护保养，占40%；
② 操作人员不按照操作规范操作，占30%；
③ 自然磨损，占10%；
④ 维修质量不佳，占8%；
⑤ 设计缺陷，占8%；
⑥ 其他原因，占4%；
对此制作"巴雷特"图，如图2-8-5所示。

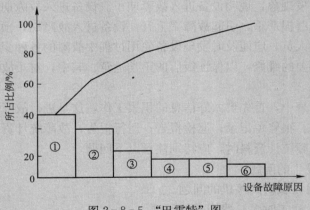

图2-8-5 "巴雷特"图

从图2-8-5中可以看出，①②③种故障原因占80%，应是设备发生故障的主要原因。因此，饭店应加强对设备操作人员的培训教育，制定相应的规章制度加强管理。

2)"故障树"分析法

"故障树"分析法是根据故障的因果关系确定故障发生机理的方法。"故障树"分析法主要是对设备故障进行技术分析，找出设备的薄弱环节，然后层层分析，确定易发生故障的部位。图2-8-6为故障树分析图。

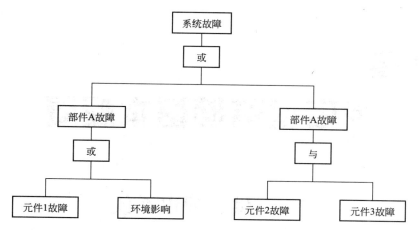

图 2-8-6 "故障树"分析图

从"故障树"分析图可以看出，下层事件是上层事件的原因，上层事件是下层事件的结果，直到无法找到再上一层的事件即为终点"系统故障"。在分析中，有的故障是由两个以上原因同时存在才发生，绘图时用"与门"表示；有的故障只要许多原因中的一个出现就会发生，在绘图时以"或门"表示。通过对"故障树"的分析，可以找出易发生故障的点，从而作出相应对策。

由于计算机系统在饭店中的应用越来越普遍，在工程管理中，主要是数据库的建立和对各种信息的处理，这是饭店工程信息管理的重要工具。

对于饭店工程管理，要求做到规范化、表格化，对于管理的各个环节都要尽量做到表格化。饭店工程管理有许多表格，如各种统计报表、采购单、设备台账、设备清单、巡视单、报修单、结算表、能耗分析表、各种运行记录、各种经济评价表、维修计划及完成情况统计表等。对于这些表格和报表如果采用计算机进行管理，效率将会大大提高。

计算机管理模式可以迅速处理大量信息，进行经济分析和方案的比较，帮助管理人员快速作出正确决策。但是要做好计算机信息管理工作，必须有坚实的信息基础，保证原始信息的完整性和真实性，这是计算机信息管理的基础。只有输入的数据完整可靠，才能获得有用的管理信息。因此，饭店必须建立严格的、系统的管理机制，包括信息管理制度，以免出现管理上的混乱。

同时，心须要注意一点，计算机只是一种工具，操作者是人，如果没有人的踏实工作，计算机可能会使管理更加混乱。

第9章
饭店设备的基本配置

9.1 供、配电系统

9.1.1 饭店供电要求

饭店供电要求安全可靠，因此，应最大限度地保证供电。

1. 饭店的供电方式

饭店供电一般采用双电源加自备发电机系统的供电方式。供电电源采用城市电网，两路进线电压同为 10 kV，互为备用。一旦一路电源故障，另一路电源可以单独提供所需的供电任务。当两路电源都发生故障，由自备发电机给饭店的应急设备提供电源。

1）电源要求

① 两路电源来自不同的变电站。

② 两路电源如不能来自不同的变电站，可以来自同一变电站的不同的变压器。

③ 电源应采用埋地入户。

④ 两路电源互为备用，切换应采用自动切换方式。

⑤ 电源电压为 10 kV，也可以使用 6 kV 电压（视当地供电电网电压而定）。

2）饭店电压等级

饭店的供电电压一般有 10 kV、380 V（动力）、220 V（照明）和安全电压（36 V、24 V、12 V）4 种。

3）饭店电线的走线方式

从安全和美观角度考虑，饭店不应该见到明线。因此，饭店电线的走线方式主要有以下几种。

① 户外走地下。

② 竖向走管井。

③ 横向走顶棚。

④ 房间内走预埋管。

⑤ 临时线用护套线，用后立即拆除。

2. 供、配电设备

饭店的电力供应是从城市变电站将电力输送到饭店变电站，经过降压后输送到用电设备。在这个过程中使用了变压设备，以及能接受、分配和控制电能的设备。饭店供电系统中的主要供、配电设备有高压配电柜、变压器、低压配电柜、楼层及功能区的分配电箱、各类机房设置的配电箱和控制柜、柴油发电机组及其附属设备等。

1）高压配电柜

高压配电柜在高压配电系统中起到控制、保护变压器和电力线路，监测、计量等作用。通常包括进线柜、计量柜、出线柜、联络柜等。

2）变压器

饭店使用的变压器是将 10 kV 的高压电降为 400 V 的"降压变压器"，主要有以下两种。

（1）油浸式变压器

油浸式变压器是用变压器油作绝缘介质，考虑到油浸式变压器内部储有大量的油，容易引起火灾，因此，油浸式变压器不可以设置在饭店的主体建筑之内。

（2）干式变压器

干式变压器用树脂浇注作绝缘，允许温升高，体积小，损耗也小，损耗一般比油浸式变压器低 14％左右。干式变压器由于使用固体绝缘介质，不会引起火灾，因此，可以设置在饭店的主体建筑之内。

变压器一般要求运行负荷在其额定容量的 75％～90％。若实测负荷低于 30％，应考虑更换小容量的变压器；若超过额定容量，则应更换大容量的变压器。

3）低压配电屏

低压配电屏是应用于 500 V 以下的供电系统中，作为动力和照明配电用。其主要作用是防止线路短路、设备过热和分断线路等，主要的工作目的是保护线路和用电设备。

9.1.2 饭店电能分配

1. 照明系统

将电能转换为光能的设备称为照明设备。饭店照明系统的设备容量占饭店设备总容量的 10%～15%，约占饭店用电量的 25%～30%。

2. 空调系统

饭店空调系统的设备容量约占饭店设备总容量的 40%，年用电量约占 25%。

3. 动力系统

将电能转换为机械能的设备称为动力设备。饭店的动力设备有很多，如电梯、水泵、洗衣机等。饭店的动力系统设备容量约占设备总容量的 25%，年用电量约占 25%。

4. 弱电系统

将电能转换为信号的设备为弱电设备。饭店弱电系统主要包括计算机系统、通信系统、电视系统、消防报警系统、闭路监控系统、音响系统等。饭店弱电系统的设备容量约占设备总容量的 5%，年用电量约占 5%。

5. 电热设备

将电能转换为热能的设备称为电热设备。饭店内的电热设备大多用于厨房，如各种电炉、微波炉、电热水器等。现在饭店的客房内一般也使用电热水壶，这也是电热设备的一部分。

9.1.3 电动机

饭店中有许多设备都是由电动机提供动力进行工作的，电动机是应用最广泛的用电设备。电动机消耗的电能占全国电能总消耗量的 60% 以上，在饭店中也要占到 30% 左右。合理选择和使用电动机对于饭店节约用电有非常重要的意义。

1. 电动机的分类

电动机主要分为交流电动机和直流电动机两种。直流电动机结构复杂，一般用于要求平滑调速的场合，饭店里使用较少，只是在高级电梯上有时使用直流电动机。

交流电动机在饭店广泛使用，主要分三相电动机和单相电动机。三相电动机使用三相电作为电源，电压是 380 V。单相电动机使用单相电作为电源，一般电压是 220 V。单相电动机一般用在小型设备上，如电扇、风机盘管、风机、小型的空调等。三相电动机一般用于大型设备。

2. 电动机的主要参数

（1）功率

功率是指电动机在额定电压下工作时，输出的机械功率，又称容量，单位为千瓦（kW）。

（2）电压

电压是指适用于电动机绕组的电压，一般是指电动机的工作电压，单位是伏特（V）。

（3）电流

电流是指电动机在额定电压下和额定输出功率条件下的线电流，单位是安培（A）。

（4）转速

转速是指电动机每分钟的转数。

（5）接法

接法是指三相定子绕组的连接方法，共有两种：一种是三角形接法，以符号△表示；另一种是星形接法，以符号Y表示。

（6）工作方式

根据负荷的要求，电动机分连续、断续和短时 3 种工作方式。

（7）温升和绝缘等级

温升是指电动机运行时，其内部温度比周围环境温度允许高出的值。例如，环境温度为 40 ℃，而额定温升为 60 ℃的电动机，其最高允许温度是 100 ℃。允许温升与电动机绝缘等级有关，常用的电动机绝缘等级分为 5 级：A、E、B、F、H，其中 A 级最低。

3. 电动机的性能指标

（1）效率

电动机运行时，总有一些内部功率损耗。其输出功率总是小于其输入功率，输出功率和输入功率的比值称为电动机的效率。效率高说明损耗小，节能。饭店常用的三相异步电动机在额定负载下的效率为 75%～92%。电动机的效率随负载的增加而增大，当负载为额定负载的 0.7～1 倍时，效率最高，运行最经济。

（2）功率因数

电动机的功率因数在电动机接近额定负载时达到最大。从功率因数角度，最佳的负荷率为 78%～88%。

从以上两个指标看，选择电动机应使其工作在最佳负荷区。

9.1.4 饭店照明

饭店对于照明的要求是：看得快、看得清、看得舒服。

1. 饭店照明标准

饭店各部位推荐的照度如表 2-9-1 所示。

表 2-9-1　饭店各部位推荐的照度

类　　别		参考平面及其高度	照度标准值/lx		
			低	中	高
客房	一般活动区	0.75 米水平面	20	30	50
	床头	0.75 米水平面	50	75	100
	写字台	0.75 米水平面	100	150	200
	卫生间	0.75 米水平面	50	75	100
	会客室	0.75 米水平面	30	50	75
梳妆台		1.5 米高处垂直面	150	200	300
主餐厅、客房服务台、酒吧台		0.75 米水平面	50	75	100
西餐厅、酒吧间、咖啡厅、舞厅		0.75 米水平面	20	30	50
宴会厅、总服务台、主餐厅柜台、外币兑换处		0.75 米水平面	150	200	300
门厅、休息厅		0.75 米水平面	75	100	150
理发厅		0.75 米水平面	100	150	200
美容厅		0.75 米水平面	200	300	500
邮电		0.75 米水平面	75	100	150
健身房、器械室、蒸汽浴池、游泳池		0.75 米水平面	30	50	75
游艺厅		0.75 米水平面	50	75	100
台球室		台面	150	200	300
保龄球室		地面	100	150	200
厨房、洗衣房、商店		0.75 米水平面	100	1 500	200
食品准备、备餐、烹调		0.75 米水平面	200	300	500
行李间及各种库房		0.75 米水平面	30	50	75
走廊		地面	15	20	30
楼梯间		地面	20	30	50
盥洗间		0.75 米水平面	20	30	50
储藏室		0.75 米水平面	20	30	50
电梯前室		地面	30	50	

照度是受照物体单位面积上的光通量，也就是被照射程度，单位是勒克斯（lx）。40 W 白炽灯下 1 米处的照度为 30 lx，晴天室外正午的照度可达 80 000 lx。

2. 照明的质量要求

饭店对于照明不仅有数量的要求（照度、亮度等），还有质量的要求。照明的质量直接影响到视觉工作的效率，影响到身体健康和心理健康，还会影响到整个室内的气氛和各种效果。照明的质量包括一切有利于视功能及舒适感，易于观看和安全、美观的亮度分布，主要有眩光的控制、照明的均匀性、频闪的消除、显色性、光色的舒适性、照度的稳定性、照明的方向性等。

1）眩光的控制

眩光是在视野内形成的干扰视觉或使视觉不舒服和疲劳的高亮度。在使用中，对于眩光的控制应分为以下 3 个等级。①一级：高质量照明需求的场所，如办公室、客房、阅览室、计算机房等，要求基本没有眩光。②二级：一般照明的场所，如会议室、接待室、餐厅、健身房、游戏厅等，可以有轻微的眩光。③三级：低质量照明的场所，如储藏室、洗手间等，可以有眩光的感觉。

眩光的控制可以从光源、灯具、照明方式、装修等多方面进行控制，如选用保护角大的灯具、使用格栅荧光灯、使用磨砂灯泡等。

（1）光源

不同的光源有不同的眩光效应。一般光源越亮，眩光越显著，如表 2-9-2 所示。

表 2-9-2　光源眩光表

光源	表面亮度	眩光	光源	表面亮度	眩光
白炽灯	较大	较大	高压钠灯	较大	中等
柔光白炽灯	小	无	高压汞灯	较大	较大
荧光灯	小	很小	金属卤化物灯	较大	较大

（2）灯具

选择不能直接看到光源表面的灯具，如反射式灯具、灯具加保护角等。

（3）照明方式

选择合适的照明方式，如隐蔽光源或降低光源的亮度等。

（4）装修

通过调节室内环境的亮度，减少眩光的危害。

2）照明的均匀性

视野内亮度应均匀，如亮度不均匀，出现过大的亮度对比，会使人的眼睛不舒服，时间长了会引起视力下降。一般饭店照明的均匀度应达到 0.8。

3）照度的稳定性

室内照度不稳定会很快引起眼睛疲劳，影响工作和健康。引起照度不稳定的原因主要有两个：一是光源的摆动；二是光通量的变化。而光通量变化大多是由于电压波动造成的。

4）频闪的消除

交流供电的气体放电光源，光通量会发生周期性变化，使人眼产生明显的闪烁感觉，称为频闪效应。产生的原因是交流电周期性过零特性，这种现象主要发生在气体放电光源，如荧光灯。解决的办法是利用三相交流电不同时过零特性，将灯接入不同的"相"，共同照明。

5）显色性

光源的显色性是指光照射在物体上产生的客观效果，它表现了光对于物体颜色的表现力。显色性指数越高的光源，其对物体颜色的表现（还原）能力越强。换句话说，即物体的视觉颜色越接近其本来的颜色。饭店不同的场合对于光源显色性的要求如表 2-9-3 所示。

表 2-9-3　饭店显色性要求表

显色指数/Ra	适 用 场 合
＞80	客房等辨色要求高的场所
60～80	办公室、休息室等辨色要求较高的场所
40～60	行李间等辨色要求一般的场所
＜40	仓库等辨色要求不高的场所

一般白炽灯和碘钨灯的显色指数大于 95；荧光灯的显色指数为 70～80；高压汞灯、高压钠灯的显色指数很低，为 25～40。

6）照明的方向性

照明有一定方向性，这主要是通过亮度的分布达到的。人眼对于较亮的物体有天然的敏感，即眼的趋光性。因此，为了强调某一物体，可以使其亮度高于周围环境的亮度。这可以达到看得快的目的。但如果亮度太高，又会产生眩光。因此，对于亮度的分布有一定的限制，一般认为，亮度差别在 1∶3 左右是合适的。

7）光色的舒适性

人一般习惯于日光和火光，对这两种光也比较偏好。在低照度下，舒适的光色是接近火焰的低色温光色，如储藏室、楼梯间等；在偏低或中等照度下，舒适的光色是比黎明和黄昏色温略高的光色，如过道、走廊、卫生间、客房、舞厅、会议室等；在较高的照度下，舒适的光色是接近中午阳光或偏蓝的高色温天空光色，如总台、宴会厅、多功能厅等。饭店在选择灯具时，一定要按照舒适性的要求选择合适的灯具。

3. 饭店照明光源的选用

不同的光源其特点不同，在选用时要结合使用的情况具体考虑，如光的颜色对人的心理会产生影响，环境条件对于光源也有一定的使用要求等。

常用光源的主要特性如表 2-9-4 所示。

表 2-9-4 常用光源的主要特性表

光源种类	功率/W	光效/(lm/W)	平均寿命/h	色温/K	显色指数/RA
白炽灯	80	14.5	1 000	2 800	100
暖白色荧光灯	40	80.0	10 000	3 500	59
冷白色荧光灯	40	50.0	10 000	4 200	98
日光色荧光灯	40	72.5	10 000	6 250	77
高压钠灯	250	100.0	9 000	1 950	27
低压钠灯	135	158.0	9 000	1 800	—48
金属卤化物灯	250.0	70.0	6 000	5 000	70

9.1.5 用电安全

1. 安全电压

当交流电流过人体时，安全电流是 0.01 A。人体是有电阻的，一般情况下，正常人的人体电阻是 1 万～10 万欧姆。但如果人在特殊状态下，如皮肤有破损、体表有水，人体电阻就下降到 1 000 欧姆左右。因此，一般情况下，人触电都是危险的。按照有关数据，我国将安全电压设定为 3 个等级：36 V、24 V、12 V，12 V 是在条件非常恶劣的情况下的安全电压。

2. 防雷

1) 雷电的破坏形式

雷电对建筑物和人的危害是很大的，雷电的危害主要表现为高电位的侵入，雷电以极高的电压（数十万伏特）侵入建筑物或直击于人的身体，造成伤害。其破坏主要有以下形式。

（1）机械性破坏

机械性破坏主要有两种力：①强大的电流通过物体时产生巨大的电动力，造成机械性破坏；②电流产生巨大的热量，使物体瞬间体内水分蒸发形成劈裂性内压力。

（2）热力性破坏

热力性破坏是产生巨大热量使物体燃烧和金属材料熔化的现象。

（3）绝缘击穿

绝缘击穿是极高的电压将电气系统的绝缘击穿造成短路，形成系统的破坏，这是电气系统中最危险的破坏形式。

2) 饭店的避雷设施

饭店建筑应装设完整的避雷设施。避雷设施主要由接闪器、引下线、接地装置 3 个部分组成。

饭店建筑防雷系统主要由接闪器、引下线、接地极 3 部分组成。

（1）接闪器

接闪器是引雷装置，通过引下线将雷电电流引到埋入地下的接点装置，并疏散到大地中。接闪器的形式有避雷针、避雷线、避雷带、避雷网、均压环等，根据建筑物的具体情况，采用不同的接闪器或是接闪器组合。

饭店一般在屋面设避雷网，在屋角、屋脊、屋檐、女儿墙上装设避雷带。高层饭店还要在建筑的中部环绕建筑装设均压环，一般每隔10～20米装设一个。

（2）引下线

引下线是将接闪器引导的雷电引入地下的通道，一般利用建筑物内的钢筋，上端与接闪器相连，下部与接地相连。

（3）接地极

饭店建筑物避雷装置都要和接地装置相连，接地有接地极，一般用角钢或扁铁埋入地下1米。接地极的电阻不能大于1欧姆。接地极间距不能大于18米。

3. 电气接地

电气设备的某部分用金属与大地进行良好的连接，称为"接地"。根据接地的作用不同，可以分为以下几种。

（1）工作接地

保证设备在正常和事故情况下可靠工作的接地，称为"工作接地"。例如，变压器的中性点接地、避雷接地等。

（2）保护接地

电气设备正常情况下不带电的金属部分，如外壳、构架等，与大地进行电气连接，称为"保护接地"。保护接地一般用于三相三线制系统（380 V），作用是保护人。

（3）保护接零

电气设备外壳与零线相接，称为"接零"或"保护接零"。保护接零用于三相四线制系统（220V），作用也是保护人。

9.2 空 调 系 统

9.2.1 空气调节概述

1. 人体对空气环境的要求

人体对空气质量是有一定要求的，空气环境直接影响人的舒适感觉。影响人的舒适程度的空气质量指标主要有"四度"，即温度、相对湿度、洁净度（新鲜度）、流动速度。

1）温度

在一定的相对湿度和风速下，穿着衬衣的人感到舒适的温度为 23.2 ℃左右。一般情况下，在室内，冬天人们感到舒适的温度是 16 ℃～22 ℃，夏天是 24 ℃～28 ℃。

2）相对湿度

相对湿度对人体的舒适有一定的影响。在夏季，人体感到舒适的相对湿度是 50％～65％，冬季是 30％～50％。

3）洁净度

洁净度是指空气中的含尘度和空气混浊的程度。一般直径小于 10 微米的灰尘称为可吸入尘，是细菌和病毒的携带体。为了保证人体的健康，应该控制可吸入尘的含量。饭店要求空气洁净度的指标为：可吸入尘为 0.12 mg/m³；CO_2 含量为不大于 0.07％；氧气含量为不小于 21％。

4）风速

在人体感到舒适的温度下，室内允许的空气流速为 0.1～0.25 m/s。

9.2.2 空调系统

人们为了获得相对舒适的空气环境，采取了各种各样的方法，如冬天的暖气、排风通风等。但由于技术的限制，人们采用的方法都不能做到同时调节空气质量使之达到理想状况。随着技术的发展，人们考虑到采用特殊机械设备来同时调节空气指标，这种机械设备就是空调。也即使用一定的机械设备，使室内空气的温度、相对湿度、风速、洁净度等参数保持在一定的范围，以满足人们的舒适要求的技术，称为空气调节，简称空调。

空调主要分成生产性空调和舒适性空调，饭店使用的是舒适性空调。目前饭店使用的空调主要有以下两大类。

1. 局部空气处理系统

局部空气处理系统是所有设备放在一个外壳中，就地放置在所服务的房间中，只能调节所在房间的空气，如分体式空调等。

2. 中央空调系统

中央空调系统是由大型制冷设备、集中式空气处理设备（风机）、通风管道及其他设备构成的系统。主要设备单独放置在专门的设备间内，空气经集中处理后分送到各个房间。

中央空调系统又分为以下两种。

1）集中式系统

集中式系统是将过滤、冷却、加热、加湿等设备集中设置在空调机房内，处理后的空气由风管送入各区域。这种方式适宜于饭店较大的使用空间，如大堂、餐厅、会议厅、歌舞厅等。

2）半集中式系统

半集中式系统是先集中处理全部或部分的空气，然后送入各房间，在各房间内再各自进行处理的系统。例如，将室外空气（新风）处理后送入房间，而房间的风机盘管系统处理房间内的空气。这种系统饭店在客房中大量使用。

对于四星级以上的饭店来说，应该使用中央空调系统。

3. 中央空调系统的工作原理

现代饭店大多采用中央空调系统，对于四星级以上的饭店，国家标准规定使用中央空调系统。中央空调系统由三大部分设备（系统）组成：冷、热源设备，空气处理系统，通风系统。中央空调系统的工作流程如图2-9-1所示。

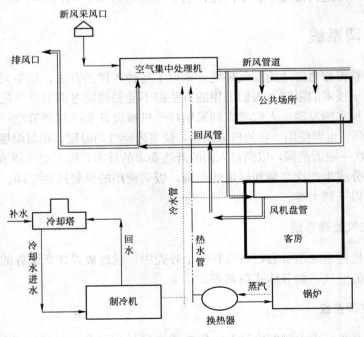

图2-9-1　中央空调系统工作流程示意图

冷源主要是制冷机，热源主要是锅炉。空气处理设备的作用是对空气进行加热、降温、加湿、除湿等。通风系统是将处理过的空气送入房间，将室内污浊的空气排出的系统。

1）集中空气处理机

空气处理机是对空气进行温度、相对湿度和洁净度处理的设备，由过滤网、冷盘管、热盘管、加湿器和风机组成。

（1）空气净化处理

饭店使用的过滤器主要有干式纤维滤尘器、泡沫塑料过滤器和金属网过滤器。这些过滤器主要去除大颗粒的尘埃。在饭店集中空气处理机中除了采用上述过滤器外，一般还要加用中效过滤器（袋式过滤器），滤去较小的尘埃。

（2）加湿器

在冬天或过渡季节，当相对湿度低于30％时，要对空气加湿。一般采用喷雾法和蒸汽加湿法。

饭店风机的出口应安装消声器和防火阀。消声器减弱风机和电动机的噪声，防火阀在发生火灾时关闭阀门、切断火源。

2）客房风机盘管

客房风机盘管的工作原理与集中空气处理机相同，只是没有加湿器和中效过滤器。房间的温度调节是通过风机的风速调节开关调节风速的办法进行的。

风机盘管的形式有多种，饭店常用的是立式和卧式。

4. 进风、排风系统

1）进风系统

进风系统即新风系统，包括采气口、风道、空气处理机、风机和送风口。

① 采气口（进风口）。为防止小动物和树叶等物吸入，采气口一般做成百叶窗式，是新风的采集口。进风口的位置应在饭店的上风口，不要在厨房附近，也不要在有异味排出的地方和灰尘集中的地方。

② 风道。风道是运送空气的通道，一般用镀锌铁皮制造。风道中设有各种阀门，用于开关和控制风量等。特别是要注意安装防火阀，在着火时控制火势的蔓延。

③ 空气处理机（见前述）。

④ 风机。风机一般使用离心风机。

⑤ 送风口。送风口一般装在客房顶棚处通风管道的末端。

2）回风系统

饭店为了节约能源，一般将大部分的室内空气循环使用。为了保证室内空气的温度和洁净度，要将室内的空气部分排出室外，大部分送回空气处理机重新处理与新风混合后共同使用。

回风系统由回风口、风道、风机和排风口组成。

① 回风口。回风口安装在客房或公共场所的顶棚或墙上，形状类似于进风口。

② 风道。风道循环用的回风道也是用镀锌铁皮做成的，但排气用的风道一般是建筑物一体的水泥通道。

③ 风机。风机也是使用离心式风机。

④ 排风口。排风口也应设有风帽。

9.2.3　中央空调系统的运行和管理

空调系统的能源消耗是很大的，有统计资料表明，饭店以电为动力的中央空调系统的年耗电量约占饭店年用电量的 40%。因此，在使用中央空调系统中，如何控制能耗就成为饭店要着重考虑的问题。

1. 严格控制空气的质量标准

饭店应该严格控制空气的质量标准，不应该低于标准，也不应该高于标准。因为这对饭店的能耗有很大的影响。一般在冷却工况下，温度每降低 1 ℃，能耗增加 15%～20%；在加热工况下，温度每升高 1 ℃，能耗增加 7%～15%。

因此，饭店应该严格按照等级标准要求控制空气环境质量。不同星级饭店的空调参数如表 2-9-5 所示。

表 2-9-5　不同星级饭店的空调参数表

参数	星级　季节　场所	五星、四星 夏季	冬季	三星 夏季	冬季	二星 夏季	冬季	一星 夏季	冬季
温度/℃	客房	22～24	20～22	24～26	18～22	25～28	16～20	28～30	16～18
	宴会厅、餐厅	21～24	20～22	23～26	18～12	25～28	16～20	28～30	16～18
	门厅、休息厅	24～26	18～20	26～28	16～20	26～29	14～18	28～30	16～18
	工作人员用房	26～28	18～20	26～28	16～20				
相对湿度/%	客房	50～60	40～50	50～60	40～50	55～65	>30		
	宴会厅、餐厅	50～60	40～50	50～60	40～50	55～65	>30		
	门厅、休息厅	55～65	30～40	55～65	30～40	60～65	>30		
	工作人员用房	60～65	30～40	60～65	30～40	60～65	>30		
噪声/dB	客房	30		35		50			
	宴会厅、餐厅	35		40		50			
	门厅、休息厅	40		45		50			

参数	星级 季节 场所	五星、四星		三星		二星		一星	
		夏季	冬季	夏季	冬季	夏季	冬季	夏季	冬季
新风量/[m³/(h·人)]	客房［L/(m²·h·间)］	40～50		20～30		20～30			
	宴会厅、餐厅	25		20		20			
	门厅、休息厅	9		9		5			
风速/(m/s)	客房	0.1～0.25		0.1～0.25					
	宴会厅、餐厅	0.1～0.3		0.1～0.3					
	门厅、休息厅								

2. 设备运行的控制

1）温度的控制

饭店温度的控制应该按照表 2-9-5 的要求，对于室内温度的设定值进行变设定值控制和区域控制。冬天加热、加湿到设定值舒适区的下限，夏天降温、去湿到舒适区的上限。过渡季节设定设定区（另行设定）。

要达到这一要求，应使用有调节特性的调节器，其调节曲线如图 2-9-2 所示。

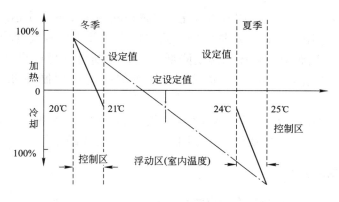

图 2-9-2　变设定值控制和设定区域控制

2）新风量的控制

饭店的新风量也应该进行变新风控制，按照饭店的实际需要量进行新风的补给。这主要是考虑饭店的节能要求，因为新风的使用对于饭店的能耗是很重要的因素。

3）热回收装置

在新风系统中安装热（冷）回收装置，可以回收排风的能量，用以预热和预冷新风，减少处理新风的能量。常用的热回收装置有转轮式换热器、板式热回收器。

4）输送设备节能

空调中的输送设备主要是指水泵和风机。一般输送设备的能量消耗为 25 kW·h/(m²·年)，占建筑能耗的 15%、建筑物总用电量的 20%、建筑物总动力用电量的 35%、建筑物空调用动力的 50%。

一般情况下，输送系统的风量和水量应随空调系统的负荷变化而变化，因此，应该使用变频调速系统或设备。

9.3 制冷机

制冷是指"用人工的方法，在一定的时间和一定的空间内，将物体冷却，使温度降到环境温度之下，并保持"的一种方法。人工制冷的方法主要有液体气化制冷、气体膨胀制冷、涡流管制冷和热电制冷 4 种，饭店使用的制冷机主要是使用液体气化制冷的原理。

9.3.1 制冷的基本原理

液体气化制冷的原理是利用液体气化吸收周围物体热量的性质达到制冷效果。

制冷装置的作用是把被冷却物体中的热量取出，并传递到温度较高的周围介质中去（水或空气），从而使该物体的温度降低。这种不断将热量取出并转移到周围介质中的过程就是制冷过程。在这一过程中，制冷剂起着产生制冷效果的工作物质的作用。

制冷剂是一种在低温、低压下由液体气化为气体时吸收潜热，在高温、高压下由气体冷凝为液体时放出潜热的物质。其是制冷过程必不可少的中间介质。

1. 常用的制冷剂

在冷藏和空调中使用的制冷剂有氨水、氟利昂和水。氨水在工业生产中广泛使用，但由于氨有毒性，又有爆炸危险，饭店空调一般不使用。

1）氟利昂

氟利昂一般使用在压缩式制冷机中作为制冷剂，根据它的成分不同，其英文代号分别为 R12、R11、R123。但由于氟利昂被发现所含的氯会严重破坏臭氧层，所以国际"限制破坏臭氧层物质"的《蒙特利尔协定》规定，到 2010 年，全世界都不能使用消耗和破坏臭氧层的物质。因此，现在世界上，大量使用氟利昂的替代物质作为制冷剂。

现在使用的替代物质主要有：R134$_a$ 替代 R12，多用于汽车空调；R245$_{ca}$（五氟丙烷）替代 R11、R123，现在已经得到广泛使用。

2）水

水使用在溴化锂制冷机中作为制冷剂。

9.3.2　制冷系统的构成

饭店制冷系统可以分为冷水机组、冷冻水系统、冷却水系统 3 部分。

1.　冷水机组

制冷机一般称为冷水机组。目前使用的冷水机组主要有两大类：机械压缩式的冷水机组；热力吸收式的冷水机组。制冷机是制冷系统的核心。

2.　冷冻水系统

冷冻水系统是传输制冷机的产品"冷冻水"的系统。该系统将冷冻水传输到空调机组的冷盘管，用于冷却空气。饭店使用的冷冻水系统主要有两管系统、三管系统和四管系统。两管系统是饭店业使用最多的系统，该系统有两条管路，一条是供水，一条是回水；三管系统（一条供冷水，一条供热水，一条公共回水）和四管系统（冷、热水各一去一回）由于造价和能源浪费等原因，饭店一般不使用。但有极少数特别高档的饭店使用四管系统。从服务的舒适性角度，四管系统为最好，两管系统节能效果比较理想，三管系统由于有其能耗和技术上的弊端，饭店基本上不使用。

3.　冷却水系统

冷却水系统是提供制冷机中的冷凝器和发生器（吸收式制冷机）所需要的冷却水所使用的设备，主要由冷却塔和管道组成。

9.3.3　制冷设备

饭店的制冷设备主要是指中央空调制冷设备。制冷机组一般用 2～4 台为宜，中、小型饭店选 2 台，大型饭店选 3～4 台。

1.　电力压缩式制冷设备

压缩式制冷机主要有活塞式、离心式和螺杆式。根据制冷量的不同，以及饭店本身的安装环境等具体条件，饭店可以选择不同类型的压缩式制冷机。一般情况下，当空调负荷小于 50 万 kCal/h 时，宜选用活塞式制冷机（单机制冷）；当空调负荷在 50 万～

100 万 kCal/h 时，宜选用螺杆式制冷机；空调负荷大于 100 万 kCal/h 时，宜选用离心式制冷机。

压缩式制冷工作原理如图 2-9-3 所示，它由蒸发器、压缩机、冷凝器和膨胀阀 4 个主要部件组成，主要有以下 4 个工作过程。

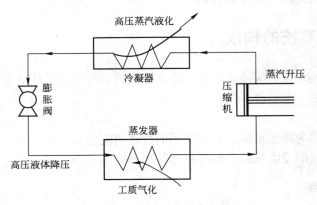

图 2-9-3　压缩制冷循环工作原理

1）气化吸热过程

在气化吸热过程中，蒸发器起主要作用。蒸发器是一个低压状态容器，液体制冷剂在蒸发器中气化，吸收周围介质的热量（水），使得在蒸发器管道中的水降温形成冷冻水。

2）抽气压缩过程

为了保持蒸发器内为低压状态，使制冷剂不被气化，就要用压缩机抽去蒸发器中因吸收了热量而变成气体的制冷剂。这种制冷剂气体经压缩机的作用变成了高温、高压的气体被送入冷凝器。

3）冷凝放热过程

在经过了压缩过程后，高温、高压的制冷剂气体进入冷凝器。在冷凝器中，制冷剂的热量被冷却物质（水）带走，释放到室外空间。制冷剂在一定的压力下，由气体凝结成液体。

4）降压、降温过程

经过冷凝器降温后的液态制冷剂，需要将高压降为可使用的常压状态。液体制冷剂经过膨胀阀，降低压力和温度，这样，就为进入蒸发器实现气化创造了条件。

2. 模块式冷水机组

模块式冷水机组是 20 世纪 80 年代产生的一种全新的结构形式，由多个模块化冷水机组单元并联组成。每个模块单位包括两个独立的制冷系统，每个单元的制冷量有 130 kW、150 kW、180 kW 不等。一台模块式制冷机组可以由 1～13 个单元合并而成，用不同数量的单元可以组成不同容量的冷水机组。

模块式冷水机组的特点如下。

① 体积小巧，安装便利。每个模块单元的宽度只有 460 mm，需要的机房空间是常规冷水机组的 40%，可以安装在空间受到限制的地方，且重量也轻，连接简单。这对于饭店改造有很大的优势。

② 设计灵活，扩容方便。机组由许多模块组成，可以通过调整单元的数量改变容量。

③ 自动控制，操作简单。各模块的压缩机运行完全由计算机控制。制冷负荷的改变按程序进行，很方便。

④ 高效运行，节约能源。使用计算机控制机组的运行，随时根据负荷的变化调整工作状态，达到最佳运行状态，节约能源。

⑤ 安全可靠，自动报警。

3. 热力吸收式制冷机

热力吸收式制冷机主要是利用某些水溶液在常温下强烈的吸水性能，而在高温下又能将水释放出来，同时利用水在真空中蒸发温度较低的特性而设计的。目前，饭店中使用的吸收式制冷机是溴化锂制冷机，以水为制冷剂，溴化锂溶液为吸收剂，可以制取高于 0 ℃的冷量，适用于制备空调使用的冷冻水。

热力吸收式制冷机主要由发生器、冷凝器、膨胀阀、蒸发器和吸收器组成。其工作过程主要分成两部分，如图 2-9-4 所示。

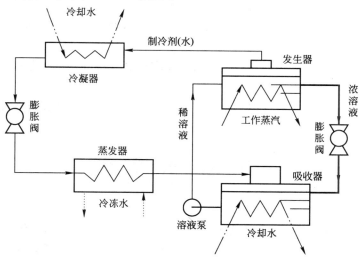

图 2-9-4 溴化锂热力吸收式制冷机的工作原理

1) 冷剂水蒸气的冷凝和蒸发

发生器中产生的冷剂水蒸气在冷凝器中冷凝成冷剂水,通过膨胀阀节流后进入蒸发器,在低压下蒸发产生制冷效应。这一过程和压缩式制冷是一样的。

2) 冷剂水蒸气的吸收和发生

从发生器中出来的溴化锂浓溶液经膨胀阀降压后进入吸收器,吸收由蒸发器中产生的冷剂水蒸气形成稀溶液。稀溶液由泵输送到发生器,被蒸汽加热。由于溶液中水的沸点比溴化锂溶液低得多,因此,被加热到一定温度后,溶液中的水分气化成冷剂水蒸气进入冷凝器。这一部分的作用相当于压缩制冷中压缩机的作用。

热力吸收式制冷机有以下特点。

(1) 优点

① 能源只需要 0.4 MPa 的低压蒸汽压力或 60 ℃以上的热水就可以正常工作,可以利用各种低势热能和废蒸汽、废热、太阳能等。

② 运行平稳,噪声小。

③ 满足环保要求。水和溴化锂都是无毒、无臭、无爆炸危险,因此,满足环保要求。

④ 冷量调节范围宽,可以在 10%～100% 的范围进行冷量无级调节。

⑤ 外界条件适应性强。一般情况下,虽然对蒸汽压力和冷却水的压力有要求,但适应范围很宽。蒸汽压力可以在 0.096～0.78 MPa,冷却水温度 25 ℃～40 ℃,冷冻水出口温度在 5 ℃～15 ℃的范围内稳定运转。

⑥ 安装简便,震动小。可以安装在室内,不需要特殊底座。

(2) 缺点

① 腐蚀性强,溴化锂对于钢的腐蚀性很强。

② 密封要求高,冷水机组要求在真空下运行,要求严格密封。如果有微量的空气进入,将严重损害机组的性能。

③ 排热负荷大,对冷却水量和冷却塔的要求也高,冷却水的耗量是压缩式的一倍。同时,对于冷却水质要求也高。

④ 产冷量不稳定。如果管理不善,或者吸收器喷嘴堵塞,冷量将大幅降低。

9.4 给 水 系 统

饭店的给水系统包括室外给水系统和室内给水系统。室外给水系统是将水从水源中取出,经过净化、加压后用管道送给各用户。室内给水系统是用适当的方式,经由室内管网,经济、合理、安全地供给各用水设备和卫生器具。

饭店的水源主要是城市供水管网，部分地区水网不发达或有特殊条件的，也有直接使用（部分）天然水源的。

9.4.1 饭店用水的要求

1. 用水量

饭店的用水量因饭店的档次和设备、设施的完善程度而有所不同。有大型宴会厅和游泳池的饭店，比只提供餐饮、住宿饭店的用水量大得多。以标准客房计算，不同档次饭店的用水量为：五星级饭店，2～2.2 吨/（天·间）；四星级饭店，1.5 吨/（天·间）；三星级饭店，1 吨/（天·间）。

2. 用水要求

饭店的用水要求是水量充足，水压适中，水温适宜，水质达标。为达到上述标准，饭店应该采用二次供水方式，以有效控制水量、水压、水温和水质。

饭店饮用水的质量标准如表 2-9-6 所示。

表 2-9-6 饭店饮用水的质量标准表

项目（外观和一般化学指标）	标准	项目（毒理学指标）	标准
色	<15°，无异色	氟化物	1.0 mg/L
浑浊度	<3°	氰化物	0.05 mg/L
臭和味	无异味	砷	0.05 mg/L
肉眼可见物	无	硒	0.01 mg/L
pH 值	6.5～8.5	汞	0.001 mg/L
总硬度（$CaCO_3$）	450 mg/L	镉	0.01 mg/L
铁	0.3 mg/L	铬（六价）	0.05 mg/L
锰	0.1 mg/L	铅	0.05 mg/L
铜	1.0 mg/L	银	0.05 mg/L
锌	1.0 mg/L	硝酸盐（氮）	20 mg/L
挥发酚类（苯酚）	0.002 mg/L	氯仿	60 μg/L
阴离子合成洗涤剂	0.3 mg/L	CCl4	3 μg/L
硫酸盐	250 mg/L	苯并（a）比	0.01 μg/L
氯化物	250 mg/L	滴滴涕	1 μg/L
溶解性总固体	1 000 mg/L	666	5 μg/L
项目（外观和一般化学指标）	标准	项目（毒理学指标）	标准
项目（细菌学指标）	标准	项目（放射性指标）	标准
细菌总数	100 个/mL	总 α 放射性	0.1 Bq/L
总大肠菌群	3 个/L	总 β 放射性	1 Bq/L
游离余氯	不低于 0.05 mg/L		

9.4.2　给水设备的构成

饭店的给水设备由输水管网、增压设备、配水附件、计量仪器和储水设备组成。

1. 储水池和水箱

饭店为了保证用水不受城市供水管网的影响，应该建有储水池，以起到调节作用。同时，消防规范要求，饭店也要有一定的消防储水。一般饭店将生活储水和消防储水同用一个储水池。储水池的大小一般要求饭店能有 1～2 天的储水量。

一般情况下，饭店的顶层建有水箱，储存一定的水量，起到稳定水压、调节水量和保证供水的作用。水箱容积在 10～70 立方米之间。水箱上设有进水管、出水管、溢水管、排污管、水位控制系统等。水箱一般建成两格，以便清洗检修时不停水。

2. 水泵

饭店储水使水失去压力，必须用水泵将水送到各个用水点。水泵的种类主要有离心泵、活塞泵、轴流泵等。饭店主要使用的是 IS 型离心泵。

饭店卫生间洁具给水配件处的静水压不要超过 350 kPa。

饭店一般要设置一台备用水泵，容量和最大的一台水泵相同。每台水泵的吸水管流速为 1.0～1.2 m/s，出水管设计流速为 1.5～2.0 m/s。

3. 输水管网

饭店常用的给水管道有铸铁管（一般室外使用，管径一般大于 50 mm，埋地敷设）、镀锌钢管（室内使用的管材，一般抗腐蚀能力较差）、铜管（一般用于热水管道）、不锈钢管（一般用于热水管道和直接饮用水管道）、复合材料管等。

复合材料管的耐腐蚀性能非常好，要远远大于一般的金属管材，甚至要好于不锈钢管。但是复合材料管的耐温能力不是很高，一般只能用于冷水管道。目前使用的复合材料管主要有：PEX——交联聚乙烯；PPC——聚丙丁二烯共聚物；ABS——丙烯腈-丁二烯-苯乙烯；PPR——聚丙烯；PE——聚乙烯；PE＋铝——铝塑复合管等。

给水系统中还有许多配水用的附件，主要是指安装在卫生器具及用水点的各式水龙头。同时，还有各种调节和控制水量的阀门等。

9.4.3　饭店给水系统

饭店给水系统包括自来水系统、生活和生产用热水系统、取暖用热水系统等。

1. 自来水系统

1）直接给水方式

一般 4 层以下的饭店，可以直接利用城市自来水的压力。城市自来水的压力一般为 20 mH$_2$O 高。

饭店直接给水方式中的给水干管一般布置在地沟中或地下室，自下而上的将水送给各供水立管，称为"下行上给式"。

饭店直接给水系统如图 2-9-5 所示。

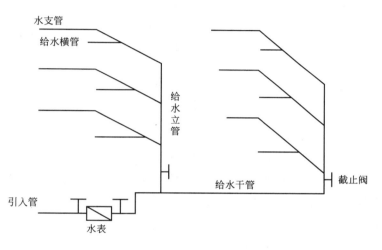

图 2-9-5　饭店直接给水系统图

2）设有水箱、储水池和水泵的给水方式

饭店和高层饭店一般采取以下给水方式：

城市自来水 ——→ 储水池 ——水泵加压——→ 屋顶水箱 ——→ 用水单位

3）分区给水方式

国际上对于高层建筑的划分标准为：第一类：9～16 层（最高 50 m）；第二类：17～25 层（最高 75 m）；第三类：26～40 层（最高 100 m）；第四类：40 层以上。

如果是高层饭店，就必须在垂直方向分成几个区分别供水，否则下层的水压过大，会产生许多不利的影响。一般情况下，高层饭店的分区高度为：每 30～40 m 为一个区。

高层饭店的分区供水主要有高位水箱式、气压水箱式、无水箱式（变频调速）。其中，高位水箱式又分为并列给水、减压水箱、减压阀（用减压阀代替减压水箱）3 种方式。

饭店高位水箱给水方式如图 2-9-6 所示。

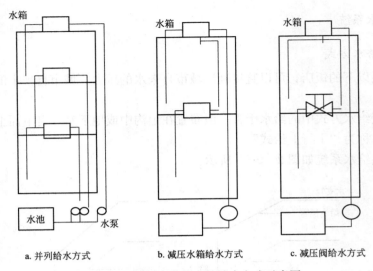

a. 并列给水方式　　　b. 减压水箱给水方式　　　c. 减压阀给水方式

图 2-9-6　饭店高位水箱给水方式示意图

4）无水箱给水方式

无水箱给水方式也称高压给水方式，其采用先进的变速水泵保持管网中恒压。这种给水方式占用建筑面积小，但水泵及恒压自动控制设备的投资大，且维修复杂。无水箱给水方式主要有两种形式：无水箱并列方式和无水箱减压阀给水方式。

5）混合给水方式

混合给水方式是考虑充分利用市政水压力，将饭店供水分成低区和高区。低区使用市政水压，高区采用二次供水方式。这种供水方式可以减少饭店的水泵数量，在运行时也可以节约一定的能耗。目前新建饭店的供水大多选择这种方式。

2. 热水系统

饭店的热水供水一般采取集中供应热水的方式。系统由水加热器（热交换器）、热水管网、循环水泵等组成。

饭店热水的使用主要有客房洗浴用热水、洗衣房热水、厨房热水、游泳池热水等。饭店不同的热水系统一般各自独立。客房洗浴用热水在高星级饭店要求 24 小时供应，因此应使用二次循环系统。

饭店客房的热水系统如图 2-9-7 所示。

3. 客房饮用水系统

由于使用暖壶供客房饮用水的浪费巨大，现在高星级饭店基本不使用暖壶提供客房饮用水。目前，饭店客房提供饮用水的方式主要有以下几种。

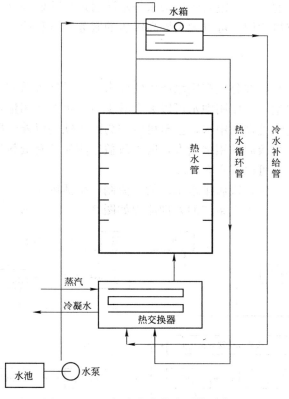

图 2-9-7　饭店客房热水系统示意图

1) 分散制备开水

饭店在客房配备电热壶。电热壶的容量一般为800 mm 左右，由客人根据需要烧制热水，大大减少了水和能源的浪费。

2) 提供瓶装水

提供瓶装水的方法能使饮用水的质量大大提高，但造价也很高。有的饭店将这种方法和电热水壶的方法一起使用。

3) 客房使用饮水机

饮水机的方法对于客房一般不合适。桶装水开启后保质期是 48 小时，客房里一桶水一般 2 天是用不完的，因此不卫生。如果 2 天就换掉，浪费太大。目前，有的饭店采用小桶水，每桶 3～5 升水，基本上可以解决这个问题。

4) 管道纯净水

饭店统一生产纯净水，用输送管道送到客房。由于饭店使用的自来水会受到管网、水池、水箱等的二次污染，作为饮用水是不理想的。虽然饭店也要进行一定的处理，但并不能完全消除有害的离子。饭店将自来水等水源通过特殊处理以后，用专门的管道输送到房间，供客人直接饮用，可以大大提高饭店的服务质量和档次。

4. 中水系统

中水是指生活用水和部分生产用水产生的废水，经过处理后的水。中水可以用于冲洗厕所、绿化、做卫生等。使用中水可以大大减少清洁水的使用量，减少排污量，在国外已经广泛使用。高级处理的中水，甚至可以作为除了饮用以外的所有用水。饭店使用中水是很有益的，因为饭店的用水量大，所以效益很明显。有资料显示，如果饭店采用完全的中水系统，一般可以节水 30%。

中水系统的先决条件是饭店排水系统的分流制，生活废水和生活污水分流，生活废水单独排放到中水系统。中水系统的处理流程如图 2-9-8 所示。

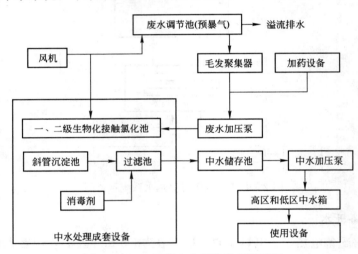

图 2-9-8 饭店中水系统处理流程图

9.5 排 水 系 统

饭店排水系统的任务是将建筑物内的卫生器具和各有水设备产生的污水、废水，以及屋面的雨、雪水，通过室内的排水管道排到室外相应的排水管道。经过适当处理后，排入城市市政排水系统。饭店排水系统主要有以下 5 个系统。

（1）粪便排放系统

粪便排放系统属于污水系统，应配备粪便处理设施（化粪池），处理后排入室外污水管道。

（2）生活废水排水系统

生活废水是指洗脸、洗澡等废水，一般可以直接排放。

（3）厨房废水排水系统

厨房废水含有大量的油，不可以直接排放，应进行除油处理后排放。饭店应单独设置厨房废水处理设备。

（4）洗衣房废水排水系统

饭店洗衣房排水量大，含有洗涤剂，应单独设明沟和集水池，用污水泵送至城市下水管道。

（5）雨、雪水排水系统

雨、雪水排水系统应独立设置，可以直接排放。

9.5.1 排水系统的组成

1. 排水系统组成

排水系统由污、废水收集器，排水管道，通气管和污水处理设施构成。

1) 污、废水收集器

饭店使用的污、废水收集器主要有大便器（坐便、蹲便）、小便器、洗脸盆、浴缸（淋浴）、洗涤槽、地漏、雨水斗等。其中，前4种俗称洁具。

2) 排水管道

排水管道由排水横管、排水立管、排水支管、排水干管和排出管组成。排水横管要有一定的坡度，以方便静流。排水支管上应该有水封。

排水管材一般使用铸铁管和PVC管（室内管材），水泥管、缸瓦管（室外管材）。

3) 通气管

当横管接的洁具较多时，在同时有水的情况下，立管可能被水灌满形成水塞，产生虹吸作用，这会破坏水封，造成臭气外溢。为防止这种情况发生，排水系统要装设通气管。

2. 管道布置原则

① 立管在排水量最大的排水点附近，横管减少不必要的拐弯，排出管以最短的距离通至室外。

② 架空管道不能设在食品和贵重商品仓库、通风小室和配电间内，并尽量避免布置在厨房主、副食品操作烹调上方。

③ 生活污水管不能穿过客房。卫生间立管不要靠近与客房相邻的内墙，以免噪声干扰。

④ 管道与墙要有一定的距离以方便维修。

⑤ 排水管道不能穿过沉降缝、烟道和风道，应避免穿过伸缩缝，否则要采取保护措施。

⑥ 管道应该隐蔽敷设，如走管井、走吊顶等。

9.5.2 污水处理设备

1. 化粪池

化粪池用于处理粪便，主要是进行厌氧处理杀灭细菌和虫卵，也可以通氧气除掉厌氧菌。

2. 隔油池

隔油池处理厨房废水。利用油比水轻的原理，使油在池中被隔板挡住，并浮在水面上，便于清理，并能始终留在隔油池中，不进入下水道。

9.5.3 卫生洁具

饭店使用的卫生洁具主要有坐便器、小便器、浴缸、淋浴、洗脸盆、净身器。表 2-9-7 是饭店卫生洁具的选用标准。

表 2-9-7 饭店卫生洁具选用标准

洁具	规　格	适 用 场 合
坐便器	坐箱虹吸式	公共卫生间及普通客房卫生间
	超豪华旋涡虹吸式联体型	高级客房卫生间
小便器	自动冲水箱式	公共卫生间
	手动阀冲水式	员工卫生间
洗脸盆	混合水嘴台式	客房和大堂卫生间
	立式	经济客房或员工卫生间
浴缸	带裙边、单柄混合水嘴软管淋浴	客房卫生间
净身器	双孔	高级客房卫生间

9.5.4 地下室污水抽升

饭店地下室污水不能自排，要设污水处理站将污水提升，排出室外。使用的设备有离心水泵和潜水排污泵。潜水排污泵应有很好的抗堵塞能力，以便固体颗粒和毛发等纤维物质的顺利通过。目前饭店常用的是德国 ABS 公司的 AS 系列潜水排污泵。

9.6　饭店电梯设备

电梯设备是饭店的重要交通工具，要求方便、快捷、安全、可靠。电梯设备是特殊设备，要求按照国家规定，由国家认可的专业生产厂家生产。电梯设备在安装完成投入使用前，必须由国家质量技术监督部门对电梯的各项技术参数和安全保护系统进行检查验收，要求达到国家规范要求，并发放运行合格证书，方可投入使用。电梯在投入使用后，还须定期报质量技术监督部门检查，以保证电梯的安全运行。

饭店使用的电梯设备主要有有机房电梯、无机房电梯、观光电梯、液压电梯、电扶梯、电动人行道、自动化立体车库等多种。

按饭店中电梯使用的对象主要分为客用电梯、员工电梯（客、货梯）和消防电梯等。

9.6.1　电梯分类要求

1. 客用电梯

1）有机房电梯

饭店现在使用的大部分是有机房电梯，电梯一般都采用微机控制和使用调频、调压、调速技术（VVVF），其特点如下。

① 可靠性较高。采用微机控制，实现无触点，简化了井道信息系统，保证电梯高精度、高可靠性、低故障率。

② 运行平稳，乘坐舒适。

③ 快速节能。与传统的交流梯和直流梯相比，可节约能源约 30%～40%，对建筑物所需配备的电源设备容量减少约 20%。

④ 数字式选层，平层精确度高。

⑤ VVVF 技术稳定成熟，维修简便。

⑥ 一般的技术参数是：载客人数，6～20 人；额定载重量，450～1 350 kg；运行速度，0.75～2.5 m/s。

2）无机房电梯

饭店一般使用有机房电梯，但对于一些特殊的地方，无法安装机房时，可以使用无机房电梯。无机房电梯的适用范围如下。

①屋顶需要利用的地方，如有屋面网球场、屋顶游泳池等。

②建筑屋面有造型或斜屋顶的地方。

③不方便设置电梯机房的地方，如附属楼房、裙房等。

无机房电梯的特点是：①曳引机采用蝶式马达，安装在顶层电梯井道里，不需要单独设机房；②电源控制柜设置在楼房顶层，便于维修；③运行速度较低，多为 1 m/s。

3）观光电梯

根据使用的地点和要求，观光电梯的形式和安装方法有所不同。

①曳引方式主要有：有机房、无机房和液压式。

②轿箱类型有一侧观光和两侧观光。

③主要技术参数为：载客人数，6～24 人；额定载重量，450～1 600 kg；开门宽度，800～1 100 mm。

4）液压电梯

液压电梯的提升动力是靠电力驱动的油泵产生的，通过液压流体直接作用在启动油缸上或间接作用在电梯轿箱上。液压电梯现在也和曳引电梯一样，多用集成电子电路和微机控制的液压控制系统。液压电梯的特点如下。

（1）直顶式液压电梯的特点

①油缸柱塞和轿箱的移动比为 1：1，地坑为顶升的一个竖坑。

②轿箱的总荷载都加在地坑底部。

③不需要设置紧急制动装置。

④不需要设置限速器。

（2）间接式液压电梯的特点

①油缸柱塞和轿箱的移动比为 2：1，不需要竖坑。

②采用钢丝绳或链条间接移动轿箱，因此应具备紧急制动装置。

③顶升在轿箱侧面，井道空间比直顶式大些。

（3）液压电梯机房的要求

①不一定与井道相连，但必须是电梯专用。

②机房应使用不燃材料，具有耐火性。

③机房应考虑通风换气。

2. 员工电梯（客、货梯）

员工电梯的控制方式和类型与客用电梯基本相同，其不同的地方是轿箱装饰简单，载重量大，运行速度慢。因此，饭店一般都使用交流电梯，可以节约成本。

3. 自动停车系统（立体车库）

现在许多酒店，特别是都市酒店都建在城市中心地带的繁华闹市区，用地紧张，因此，空间停车场成为饭店的无奈选择。自动停车系统（立体车库）可以利用最小的地面面积，解决停车位不足的问题。自动停车系统的组成主要有以下方式。

① 垂直循环方式：储存车辆台数为 12～50 台。

② 电梯方式：储存车辆台数为 18～50 台。

③ 置换方式：5～8 台。

④ 装运方式（水平型）：10～16 台。

⑤ HIP（一体化停车系统）：储存车辆台数为 100 至数千台。

4. 消防电梯

消防电梯是供消防灭火用的专用电梯，它要求在地面层的电梯层门旁，设紧急按钮。火灾发生时，消防人员打碎保护玻璃，指令电梯自动返回地面层。消防电梯在轿箱内要设置特定要求的控制开关，如可以不关闭电梯门能上下运行，以便有效灭火和救护等。

消防电梯可以是饭店的任何一部电梯，但必须能够到达饭店的所有楼层。

9.6.2 电梯设备的选择

1. 电梯数量与速度

为了缩短客人的候梯时间，提高输送能力，饭店应确定恰当的电梯数量和电梯速度。按照现在涉外饭店的服务要求，电梯服务应满足快捷、舒适的要求。一般对客人的候梯时间都要控制在 40 秒以内，这样，对于电梯的数量和速度，饭店就有了相应的要求。

1）数量

一般常用的估算电梯数量的方法是：电梯数＝2＋客房数/50。其中，2 为货（员工）梯数。

但饭店在确定电梯数量时要考虑许多因素，并且要和饭店的类型相适应。例如，会议型饭店可能电梯数就要多些；有楼顶餐厅的饭店电梯应该单设；有办公楼层的饭店电梯也要增加等。

2）速度

电梯的速度与电梯的服务层数有关，电梯可以按照以下的速度分类：1.5 m/s 以下的电梯为低速梯；1.75～3.5 m/s 的为快速梯；4 m/s 以上的为高速梯。

饭店的电梯速度与层数的关系如表 2-9-8 所示。

表 2-9-8　饭店电梯速度与楼层的关系

层数	8～12	12～15	15～25	20～30	30～40
推荐速度/(m/s)	1.75	2.50	3.50	4.00	5.00

2. 电梯的控制方式

电梯的控制方式有多种，主要有集选控制、全自动控制、群控、梯群智能控制等方式。目前，饭店使用最多的是群控方式和梯群智能控制方式。

1）群控方式

群控方式是以 3～8 台电梯为一群，由计算机对轿箱内的乘客人数、上下方向、停站数、层站的呼梯频率，以及轿箱所在的位置进行计算分析，并确定最适宜客流情况的运送方式。其运送方式主要有以下几种。

（1）客闲运行方式

一般在深夜后，按照使用电梯人数的减少，自动停用部分电梯直到只剩 1 台。到了清晨，随着客人用梯的增加，逐步增加电梯台数的投入。

（2）平常时间运送方式

当全部电梯都投入运行时，进入正常（平常）运行方式。

① 停在主楼面轿箱为备用轿箱，在运行中或在中途停留的轿箱为在用轿箱。停止运行的电梯的层门、轿门关闭。

② 有呼梯，离该层最近的轿箱应答。

③ 一段时间无人呼叫，电源自动关闭。如有呼梯，再投入运行。

（3）高峰运送方式

一般在早晨和傍晚的一段时间进入客流高峰使用阶段，采用高峰运输方式。

① 当上梯负荷达到 40％时，系统自动调另一台电梯到此楼层。

② 轿箱负荷达到 80％时，直通运行，不再应答中途呼叫。

③ 每台电梯都要快速回到二次满员的楼层，在前一台电梯发车后再开门接客。

④ 客流量减少后，系统自动缩短发车时间，不等满员，就使轿箱发车，减少客人等候的时间。

⑤ 轿箱在主楼面开门的时间不少于 10 秒。

⑥ 随着客流量的减少，自动进入平常运行状态。

2）梯群智能控制方式

梯群智能控制方式是计算机技术在电梯控制上的进一步运用，是目前比较先进的运

HOTEL

行方式。所谓智能控制，是根据每一层廊钮的呼唤，给机群中的每一台电梯作试探性的分配，并对梯群中的每一台电梯试探的结果（心理等候时间）进行评估，确定最合理的电梯应答。其确定的原则如下。

① 一般情况下，以等候的时间最短为原则。

② 以心理等候时间为基准（如 30 秒），综合考虑各层的待梯时间，以综合效果最佳为原则。

③ 避免超过 60 秒的长时间等待。

④ 避免将应答的任务分配给乘客多的电梯。

⑤ 提高预告的准确性，达到最佳服务。

9.6.3 电梯的分区

为了充分利用电梯的输送能力，高层饭店通常将电梯的服务分区，分区的优点如下。

① 减少了服务楼层，缩短了电梯的往返时间，增加了输送能力。

② 高层部分用高速电梯，提供高速运行区间，大大节约能源。

③ 低层和中层以上部分可以节约使用面积，增加饭店的出房率。

④ 电梯的造价随服务层数的增加而提高，电梯分区使高层电梯的数量减少，降低了造价。一般 16～20 层高的建筑，不分区比分区的造价高 1.5～2.0 倍。

9.6.4 电梯的运行要求

1. 正常运行条件下的要求

① 轿箱未达到停层站，层门、轿门不会打开。

② 轿箱平层性符合要求，不必担心绊脚或踏空。一般速度在 1.5 m/s 以上的电梯，平层误差为 ±5 mm。

③ 轿门在关闭过程中碰到任何障碍，立即反向动作，把门打开。

④ 层门、轿门未关闭前，轿箱无法启动。

2. 发生故障时的运行要求

当电梯的电气设备发生故障时，轿箱自动在最近层站停靠，让客人撤离。然后停运，并发出信号，待排除故障后，再恢复运行。

3. 停电时的运行要求

① 电梯应配备紧急备用电池，在突然停电时供电，维持电梯到最近的层站停靠。

并自动打开门，在客人离去后，自动关门，停止运行。恢复供电后，电梯自动投入运行。

② 无备用电池，停电时轿箱应急照明灯开启，客人用对讲设备与外界联系待援。饭店人员可用人工盘动曳引机主绳轮，牵动电梯到就近的层站停靠，开门疏散客人。

9.7　饭店安全设备和设施

饭店安全是指饭店及住店客人、饭店员工的人身和财产在饭店所控制的范围内没有危险，也不存在导致危险的因素。饭店的安全设施就是基于这一要求而规划和设计的，其主要宗旨是要预防危害的发生。

饭店的安全设备和设施主要包括消防系统和闭路监控系统。

9.7.1　消防系统

饭店的消防系统主要包括饭店的建筑设施防火、火灾自动探测系统、消火栓系统和自动水喷淋系统。

1. 建筑设施防火要求

饭店建筑的消防设计应满足《高层民用建筑设计防火规范》（GB 50045—95）、《建筑设计防火规范》（GB 50016—2006）和《火灾自动报警系统设计规范》（GB 50116—98）的详细规定。

1）供电负荷的要求

① 消防设施应有一路备用电源。备用电源的切换在设施所在地进行，即终端切换。

② 消防设备的供电线路，应穿电线管或钢管保护。

③ 消防用电设备应使用单独的供电回路，应可以由发电机供电。其配电设备应有明显的标志。

④ 所有消防设备（强、弱电）供电应由变电室专门的低压配电柜供电。配电柜要有明显的消防标志。

2）疏散指示

饭店下列场所应有事故疏散照明指示装置：疏散楼梯、消防电梯及前室、配电间、消防控制室、消防水泵房和自备发电机房、餐厅等客人集中的场所、疏散走道和长度超过 20 米的内走道。

疏散指示应有照明装置，照度不低于 0.5 lx。

3）火灾发生的控制

① 饭店不要建造在易燃源附近，如易燃液（气）体附近。

② 如饭店要建煤气调压站，调压站要与饭店的建筑距离 25 米（主体）或 20 米（附属建筑）。

③ 饭店内部使用可燃气体，应采用管道供气，不要使用瓶装液化气。饭店的厨房要建在靠外墙、通风良好的部位。厨房不能建在地下室。

④ 燃油（气）锅炉、油浸式变压器要设置在室外，还要采取必要的防火措施。

4）火灾蔓延的控制

饭店建筑应设置防火分区。

① 饭店建筑的防火分区最大允许面积是 1 000 平方米，如上下有连通的空间，应把连通层作为一个防火分区。

② 防烟分区的面积不超过 500 平方米。防烟分区不能跨越两个防火分区。

③ 防火分区用防火墙分隔，防火墙上不能开门窗。

④ 饭店楼梯间和出入口要设置防火门，阻止火势蔓延，耐火 1.2 小时。防火门应安置自动闭门器，采用平开或推拉门。

⑤ 防火分区的走廊等不能设防火墙或防火门的，要设防火卷帘门。防火卷帘门两侧装火灾探测器，探测器启动，防火卷帘门自动落下。面积大的防火卷帘门两侧还要有水幕保护。竖向管井上的检查门要用耐火等级为 0.6 小时的材料制作。与房间的洞孔用阻燃材料堵死。

2. 火灾自动探测系统

1）火灾探测器的种类

火灾探测器主要有烟感式、温感式、感光式、气体式等类型。饭店经常使用的是离子感烟式探测器和定温探测器。当相对湿度大于 95%，气流速度大于 5 m/s，或者有大量的粉尘烟雾时，不适合使用感烟探测器。所以，饭店的厨房、洗衣房等地方不能使用感烟探测器。

屋顶梁的高度超过 200 毫米时，对探测器的探测有影响。当梁的高度超过 600 毫米时，在被梁隔断的梁间区域，要设置探测器。

空间高度对探测器选择的影响如表 2-9-9 所示。

2）探测器的安装

烟、温感探测器保护面积和保护半径如表 2-9-10 所示。

表 2 - 9 - 9　空间高度对探测器选择的影响

空间高度 H/m	烟感探测器	温感探测器		
		一级	二级	三级
12＜H≤20	不合适	不合适	不合适	不合适
8＜H≤12	合适	不合适	不合适	不合适
6＜H≤8	合适	合适	不合适	不合适
4＜H≤6	合适	合适	合适	不合适
H≤4	合适	合适	合适	合适

表 2 - 9 - 10　烟、温感探测器保护面积和保护半径表

探测器种类	地面面积 S/m²	房间高度 H/m	保护面积 A/m² 和保护半径 R/m					
			屋顶坡度 θ					
			θ≤15°		15°＜θ≤30°		θ＞30°	
			A	R	A	R	A	R
烟感	S≤80	H≤12	80	6.7	80	7.2	80	8.0
	S＞80	6＜H≤12	80	6.7	100	8.0	120	9.9
		H＜6	60	5.8	80	7.2	100	9.0
温感	S≤30	H≤8	30	4.4	30	4.9	30	5.5
	S＞30	H≤8	20	3.6	30	4.9	40	6.3

按照表 2 - 9 - 10 所示的数值，根据探测空间面积、探测器的探测能力可以确定探测器的数量。其计算公式为：

$$探测器数量\ N \geqslant \frac{探测空间面积}{修正系数\ K \times 探测器保护面积\ A}$$

其中，特级保护对象 K＝0.7～0.8；一级保护对象 K＝0.8～0.9；二级保护对象 K＝0.9～1.0。

饭店的客房、厅堂、走廊、办公室、总机房、计算机房等要使用烟感探测器；厨房、锅炉房、发电机房、汽车库、桑拿浴池等场所使用温感探测器。

3. 火灾应急广播

火灾应急广播系统主要是用于在火灾发生时进行疏散广播，可以是独立的广播系统，也可以和饭店的公共广播系统混用。如果混用，在火灾发生时，一定要强制切换到火灾广播，并有遥控开启扩音机用传声器。

建筑物的扬声器应设置在走廊、大厅等公共场合，每个扬声器的功率不小于 3 W。在客房设置专用扬声器，功率不小于 1 W。在公共部位的扬声器，应保证任何一点到扬声器的位置不大于 25 米。

4. 消防电话

饭店为保证及时报告火情，要设置消防专用电话。消防专用电话网络应为独立的通信系统，在消防控制中心应有消防专用电话总机，且选择共电式电话总机或对讲设备。

饭店的消防水泵房、变电室、通风和空调机房、排烟机房、消防电梯机房、消防控制中心、总调度室和有人值班的机房都要有消防电话分机。在各避难层每隔 20 米，要设一个专用电话或电话插口。在消防报警开关和消火栓处，也要设置消防电话插口。

5. 自动喷水灭火系统

自动喷水灭火系统是饭店必须安装的灭火设备，在饭店的大厅、多功能厅、会议室、电梯厅、厨房、客房、舞厅、游乐场所、走廊通道等都要安装，在垂直的垃圾和布草输送通道也要设置自动喷水装置。但在重要的机房，如变电室、计算机房、交换机房等处，考虑到水会对设备和线路造成危害，可以不设，要采取其他的灭火设施。

自动喷水灭火系统适用的环境温度是 4 ℃～70 ℃。

1）自动喷水灭火系统的构成

自动喷水灭火系统由闭式喷头、报警阀门、水流指示器、延迟器、火灾探测器、供水管网和供水设备等组成。

喷头必须严格根据环境温度选用。目前使用的喷头主要有易熔合金式和玻璃球式。饭店一般使用玻璃球式，只是在环境温度低于 −10 ℃的部位或是有腐蚀性气体的特殊部位使用易熔合金的喷头。

2）喷头的保护面积和间距

喷头的保护面积和间距如表 2−9−11 所示。

表 2−9−11　喷头的保护面积和间距表

项　目	标准喷头	边墙型喷头
喷水强度/[L/(分·m²)]	10.0～15.0	
每个喷头的最大保护面积/m²	5.4～8.0	8.0
喷头最大间距/m	2.3～2.8	3.6
喷头与墙、柱的距离/m	1.1～1.4	1.8

6. 消火栓系统

1）消火栓系统的供水方式

饭店应设立独立的加压消火栓给水系统。当饭店的高度超过 50 米时，要使用分区供水方式。

2）消火栓的布置

饭店应保证有两支水枪充实水柱同时到达任意一点。饭店消火栓的充实水柱长度一般要求不小于 10 米，高层饭店要求不小于 13 米。因此，饭店一般每隔 23 米左右设置一个消火栓。

饭店应设置室外消火栓，沿消防通道靠饭店建筑一侧布置，据建筑物外墙 5～40 米，距路边不超过 2 米。

饭店应在屋顶设试验用消火栓。

3）消防水池和水箱

饭店消防水池的存水量，消火栓系统要保证多层饭店 2 小时的用水量，高层饭店 3 小时的用水量；水喷淋系统要保证 1 小时的用水量。饭店使用的消火栓出水量应不低于 5 L/s（室内）、10～15 L/s（室外）。

室内消防水箱存水应保证 10 分钟的室内消防用水，一般多层饭店不超过 12 m^3；低于 50 米的高层饭店不小于 12 m^3；超过 50 米的饭店不小于 18 m^3。

9.7.2　监控系统

1. 监控系统的构成

饭店的监控系统主要由摄像部分、传输及视频分配部分、控制部分、图像显示部分和处理部分组成。

1）摄像机

摄像机的工作温度是 15 ℃～60 ℃，相对湿度不高于 90%。室外使用要加防护罩和雨刷。

镜头的选择，一般场所选择 50 毫米焦距镜头；在范围小、视角大的场所（如电梯内）选择焦距 25 毫米的广角镜头；在大堂要使用可遥控的变焦镜头。

2）监视器

饭店可以根据自己的情况选择合适的监视器。一般在大堂等出入口的地方使用彩色监视器，在其他的部位可以使用黑白监视器。

2. 摄像点的选择

饭店的摄像点主要设置在饭店的出入口、总台、电梯轿厢、大堂、无人区、避难层、贵重物品柜台、主要通道、步行楼梯、客房通道、酒吧、餐厅、多功能厅等。

摄像点的选择要注意以下问题。

① 摄像点附近没有大功率电源和工作频率在视频范围的高频设备。

② 摄像机的安装高度合理。室内摄像机安装高度以 2～2.5 米为好；室外为 3.5～10 米，不得低于 3.5 米；电梯安装在顶板，光轴与电梯两壁及天花板成 45°。

③ 镜头不要逆对光源。

9.7.3　防盗报警器

饭店使用的防盗报警器主要有微波、红外线、超声波、激光、声控等。信号传播方式有有线和无线两种。

各种防盗报警器的工作特点如表 2－9－12 所示。

表 2－9－12　各种防盗报警器的工作特点

报警器		警戒功能	工作场所	主要特点	适宜的工作环境	不适宜的工作环境
微波	多普勒式	空间	室内	隐蔽、功耗小，穿透力强	热源、光源、流动空气的环境	机械震动、有抖动和摇摆的物体、电磁反射物和电磁干扰
	阻挡式	点、线	室内、外	与运动物体的速度无关	室外全天候、远距离直线周界警戒	收发间视线内不得有障碍物或运动、摆动的物体
红外线	被动式	空间、线	室内	隐蔽、昼夜、功耗低	静态背景	背景有红外辐射变化、有热源、震动、冷热气流、阳光直射，背景与目标温度接近，有强电磁干扰
	阻挡式	点、线	室内、外	隐蔽、便于伪装、寿命长	室外与围栏配合使用，做周界报警	收发间视线内不得有障碍物，地形起伏、周界不规则，大雾、大雪等恶劣天气
超声波		空间	室内	无死角，无电磁干扰	隔声性能好的密闭房间	振动、热源、噪声源、多门窗的房间、温湿度变化大的场合
激光		线	室内、外	隐蔽，价高，调整困难	长距离直线周界警戒	同阻挡式红外线报警器
声控		空间	室内	有自我复核能力	无噪声场所与其他报警器配合作报警复核用	有噪声干扰场合

9.7.4　排烟系统

现代饭店为了达到展示豪华形象的目的,大量使用可燃和有毒装修材料和陈设,在燃烧中会产生大量的有害气体(烟气)。据统计,在火灾中人员的死亡 50% 左右是由于 CO 中毒或窒息死亡。烟气中含有大量的 CO、CO_2、HF 等多种有毒成分,同时,大量烟气也会造成能见度下降,对疏散产生影响。因此,饭店需要设置良好的防排烟系统,特别是高层饭店。

按照国家消防规范规定,凡建筑高度超过 24 米的建筑(不包括体育馆、会堂等),都作防排烟设计。饭店需要设置防、排烟的部位如下。

① 防烟楼梯间及前室。

② 消防电梯间前室或合用电梯间前室。

③ 长度超过 20 米的内走廊。

④ 面积超过 100 平方米,且经常有人停留或可燃物较多的房间。

⑤ 封闭的避难层。

⑥ 室内中庭。

⑦ 总面积超过 200 平方米或一个房间超过 100 平方米且经常有人停留或可燃物较多的地下室房间。

饭店防、排烟的设计要求是当饭店内部发生火灾时,能迅速采取必要的防、排烟措施,对火灾区域实行排烟控制,使火灾产生的烟气和热能迅速排除。同时,对非火灾区域及疏散通道等,应迅速采用机械加压送风的防烟措施,使该区域的空气压力高于火灾区域的空气压力,防止烟气侵入,控制火势蔓延。

现代饭店基本上采用楼宇智能控制系统(BAS 系统),使防、排烟控制完全处于计算机的控制之下。当收到火灾报警信号后,计算机立即命令火灾区域空调系统转入排烟动作。同时,非火灾区域的空调区域继续送风,并停止回风和排风,使非火灾区域处于正压状态,防止烟气侵入。这种防、排烟体系是饭店所必需的,特别是高层饭店。

9.8　广播音响、电视、电话系统

9.8.1　闭路电视系统

饭店的闭路电视系统是饭店的重要服务设施。饭店在规划和设计时,要从饭店的整体经营管理和服务功能等方面，考虑闭路电视的前期设计和设备配置。

1. 饭店闭路电视系统的组成和原理

饭店闭路电视系统主要由卫星电视接收系统、自办电视节目系统、收费电视系统、有线电视节目系统等几部分组成。

饭店闭路电视系统的原理如图 2-9-9 所示。

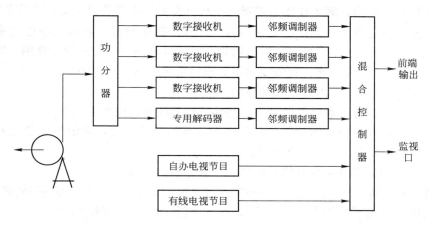

图 2-9-9　饭店闭路电视系统原理图

1) 卫星电视接收系统

① 卫星地面接收天线。卫星转发器发射的信号功率传输到地面的电波能量非常微弱，因此，必须采用大口径的抛物面天线。天线上装设一个馈源，则可以提供足够的能量给接收机。天线的口径越大，收集的信号能量越多。卫星天线的方向性很强，必须将天线波束对准卫星，稍有偏差，就会使信号大为减弱，甚至收不到信号。

② 低噪声高频头（LNB）。为了减少信号能量的损失，通常将 LNB（低噪声放大器和降频器称为高频头）与天线馈源装在一起，置于抛物面天线的焦点处。它的作用是预先将非常微弱的信号放大、混频，变成第一中频（950～1 750 MHz）。

③ 卫星电视接收机。LNB 输出的第一中频信号，通过高频电缆接至饭店音像控制室内的卫星接收机，卫星接收机可以进行频道选择，并可记忆和存储所预选的电视节目。

2) 自办电视节目系统

（1）电视录像、VCD、DVD 节目

电视录像、VCD、DVD 节目是饭店服务功能的一部分。

（2）电视自动点播节目系统（Video on Demand，VOD）

VOD 系统有较多的电视节目，供住饭店的客人选择，客人可以通过系统浏览和选择自己需要看的电视节目。VOD 的控制系统与饭店计算机管理系统联网，还可以进行饭店经营服务介绍和客人消费账单查询等多项服务。

VOD 系统是利用饭店原有的有线电视网作为传输通道的服务系统，所需要的投入不大，只要在中心机房安装视频服务器，在客房配备机顶盒和遥控器就可以了。客人可以通过遥控器自由操作，享受系统提供的影视点播和多种信息服务。饭店通过点播收费获益。

VOD 系统的功能主要有以下方面。

① 视频节目点播。客人使用遥控器点播自己喜爱的影视节目或交互式信息服务。

② 交互式信息服务。例如，电视留言；点餐；账单查询，客人可以通过系统查询在饭店的消费，并做好结账准备；网上购物，系统提供图文并茂的物品介绍，客人可以在网上购买；呼唤服务，客人将需要的服务通过系统传达给相应的部门；饭店信息，如饭店介绍和服务指南等；财经信息和新闻等。

③ 客人等级设置。通过设置可以使某些节目只能由授权客人收看。

④ 后台管理和节目制作功能。系统提供完整的计费方式，显示使用情况并进行分析，随时根据客人的需要在系统中增加新的功能。

⑤ 监控功能。在视频服务器上监视视频服务器的运行状态。

⑥ 外部频道接入支持。将外部频道接入本系统，如收费节目等，并进行管理和收费。

⑦ 与饭店管理系统相连。通过外部接口，与其他的饭店系统相接。

⑧ 收视分析。从点播记录中进行分析，根据分析结果调整节目，增加收益。

（3）有线电视节目系统（CATV）

将饭店所处城市和地区的有线电视节目接入饭店的闭路电视系统，部分或全部播放。各系统的信号进入音像控制室后，由各项设备分别进行接收、解码、D/A（数字/模拟）变换、混频等视频处理后，再传输到闭路电视系统至饭店的各个部位。

2. 闭路电视系统的功能安排

1）音像控制室

音像控制室要设置在离卫星接收天线比较近的地方，以利于电视信号的接收和处理。饭店一般都将音像控制室设在酒店的顶层。

2）卫星电视接收系统

卫星电视接收系统是一般涉外饭店所必备的。由于卫星电视信号多采用数字频带压缩技术，部分境内、外卫星电视信号在传播过程中"加扰"以改变标准电视信号的特性，防止非授权者接收到清晰的电视图像和声音。因此，饭店应向有关部门申请、交费，并领取相应的"解扰器"，将其接入卫星接收机中，才能收看到满意的电视节目。

3）饭店的自办电视节目

自办电视节目需考虑饭店的功能和服务，设备的配置要稳定和可靠。

4）饭店的 VOD 自动点播系统

VOD 自动点播系统要考虑饭店的功能、服务和经营管理，在技术上进行多方面的完善，以达到技术先进、功能全面、使用方便、维护简单。

5）CATV 系统

CATV 系统接入饭店闭路电视系统需向有关方面办理手续和定期交纳收视费用。

9.8.2 公共广播音响系统

饭店的广播音响系统主要有两大类：公共广播系统，包括背景音乐、客房广播和紧急广播；专业广播系统，包括会议室广播系统、歌舞厅音响系统等。

客房广播主要是对客房。广播含有收音机的调幅（AM）和调频（FM）、饭店播放的各种音乐节目在内的各种节目，通常由客房的床头柜系统放送。客房广播和公共区域背景音乐广播系统在紧急情况下，都可以切换为紧急疏散广播。

饭店的公共广播系统由于使用场合的不同，现场条件也不同，所以，一般采用音频传输方式和载波传输方式两种。

1. 系统的组成

饭店的广播音响系统的组成如图 2-9-10 所示。

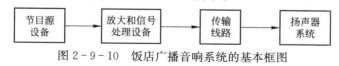

图 2-9-10 饭店广播音响系统的基本框图

1）节目源设备

节目源设备有无线电广播（AM、FM）、CD 唱机、盒式卡座、话筒、电视伴音等。

2）放大和信号处理设备

放大和信号处理设备主要有调音台、前置放大器、功率放大器、各种控制器和音响加工设备。

3）传输线路

公共广播传输馈线选用聚氯乙烯绝缘双芯绞合的多股铜芯导线，要穿管敷设。专业音响传输馈线要使用低阻抗的"喇叭线"，如选择载波传播方式，要使用视频线。

2. 系统设计

1）信号传输方式

（1）音频传输方式

音频传输方式又称直接传输方式，一般用于饭店公共区域的背景音乐广播。其又有定压传输方式和终端带功放两种方式。

① 定压传输方式。用高电压（70 V、100 V 或 120 V）传输，输送给散布在各处的终端，每个终端由线间变压器和扬声器组成。

② 终端带功放方式。将控制中心的大功率放大器分解成小功率放大器，分散到各个终端。这样既可解除控制中心的能量负担，又避免了大功率音频电能的远距离传送。这种方式的优点如下。

● 由于解除了控制中心的能量负担，提高了运行的可靠性和配置的灵活性。

● 由于传输线仅低阻抗传输小信号，可以传输很远，也没有终端匹配问题。传输线可以是普通的双绞线，一般不需要屏蔽，也不会对周围系统造成干扰。

● 取消了定压式传输的大功率音频变压器，可以改善音质，节约投资。

（2）载波传输方式

将音频信号经过调制器转换成高频载波，用同轴电缆传送到终端。一般饭店将这种信号与 CATV 信号共同传送。

载波传输方式一般用于客房的广播系统。饭店客房的床头板系统一般使用数字调谐技术，使接收、调谐实现自动化；同时还有存储记忆、液晶显示、计时及时间显示等功能，使饭店的床头板系统换代，显得高档化。这种系统可以实现以下功能。

① 接收 5 套调频节目。

② 具有自动调谐和手动调谐两种选台方式。

③ 可预存 20 个电台频率。

④ 可定时开、关机，并有睡眠定时功能，作为早晨叫醒使用。

2）背景音乐

背景音乐简称 BGM（Back Ground Music），它的作用是掩盖环境噪声和创造室内环境的相应气氛。在饭店的公共场所应提供背景音乐服务。背景音乐的音量较轻，以不影响两人的对面说话为原则。背景音乐不需要立体声。

背景音乐的扬声器以悬挂在墙上的声场质量为好，但为了隐蔽和安装方便，也可以安装在天花板上。

天花板扬声器的口径一般选用 16～20 厘米，扬声器的额定功率为 2～5 W。一般要求一只扬声器能覆盖 6～8 米的长度。

3）分区广播

饭店内公共区域和客房一般按照一定的原则分组分区，然后在系统设计时加以适当的处理，使之适应不同区域对于音响的不同要求。例如，在公共区域进行背景音乐广播时，可以对停车场叫车或广播找人等。

4）紧急广播

《火灾自动报警系统设计规范》（GBJ 116—88）规定：火灾时应能在消防控制室将

火灾疏散层的扬声器和广播音响扩音机强制转入火灾事故广播状态，以及床头控制柜内设置的扬声器应有火灾事故广播功能。因此，饭店的紧急广播是必不可少的。在饭店的广播系统中，要注意以下方面。

① 消防报警信号在系统中有最高优先权，可对背景音乐等具备切换功能。

② 应便于消防报警值班人员操作。

③ 传输电缆和扬声器有防火特性，如日本的某些产品可以在 380 ℃空气中支持 15 分钟。

④ 要设立独立的电源设备。

5）接地

广播室要设置保护接地和工作接地。单独设置的专用装置，接地电阻不大于 4 Ω；对接至共同接地网，接地电阻不大于 1 Ω。每台设备都要严格接在同一接地点上，绝不可以接到交流电的零线上。

9.8.3　电话通信系统

饭店的电话通信系统主要由 3 部分组成：交换机、传输系统和用户终端设备。

1. 程控交换机

饭店的电话交换机应使用数字程控交换机，具有立即计费功能、房间控制功能、留言中心、客房状态、请勿打扰、自动叫醒、综合话音和数据系统等功能。综合起来主要分成系统功能、话务台功能和用户分机功能。

目前，有的饭店为提高效率，建立自己的虚拟网，采用 DOD_1 和 DID 中继方式，避免话务员介入，用户可以自动呼入、呼出。

（1）系统功能

① 截接服务：主叫与被叫没有接通，向主叫用户说明未接通的原因。

② 音乐等待。

③ 服务等级限制：按照饭店管理的要求，限制部分电话打长途、外线等。

④ 夜间服务：话务员下班后，将话务台的一部分功能转到一部分机上。

⑤ 弹性编号：可以将分机号码和房间是统一，也可以随意编号。

⑥ 自动路由选择：交换机自动选择主、被叫用户的通路，提高工作效率。

⑦ 自动话务分配：将话务量自动分配到各中继线组，提高系统的工作效率。

⑧ 广播找人：主叫用户可接到交换机的广播寻人电路上，通过系统的传呼扬声器，进行找人或会议通知等。

⑨ 分机内、外线不同的振铃声。

⑩ 组网功能：符合 CCITT 要求，组成专用网。

（2）话务台功能

主要有：回叫话务员；话务员插入；预占；数字显示；状态指示；呼叫等待及选择；话务台直接拨中继线；话务台相互转接；来话转接及释放；电话会议；话务台闭锁；自动定时提醒；呼叫分离；人工线路服务；维护与管理。

（3）用户分机功能

主要有：自动振铃回叫；缩位拨号；热线服务；跟随电话；号码重发；呼叫等待；三方通话；呼叫转移；会议电话；呼叫代答；勿打扰；定时叫醒；恶意电话追踪；保密电话；高级行政插入；保留电话；呼叫寄存；遇忙记存呼叫；话音呼叫；无线电传呼。

饭店可以根据自己的服务需要，选用其中的全部或部分功能。

2. 电话机

饭店选用电话机，要注意以下几点。

① 使用电信部门批准并发给进网证的电话机。最好选用当地电信部门推荐的电话机。

② 按照使用的环境条件选择电话机：

● 地下室、浴室、厨房、变电室等地可以选择拨号盘电话机，其对环境的适应性强；

● 一般场合可选用双音频按键电话机；

● 特殊部门、部位可选用多功能电话机。

9.9　楼宇智能化系统

智能建筑（Intelligent Buildings）是建筑技术和计算机信息技术相结合的产物，智能建筑主要由楼宇自动化系统（BAS）、通信自动化系统（CAS）、办公自动化系统（OAS）和安全防范系统（SAS）四大系统组成。

9.9.1　楼宇自动化系统

饭店建筑一般从楼宇自动化控制系统开始。智能建筑内部都有大量的电气设备，如空调设备，照明设备，给、排水系统等。这些设备数量很多，分散在饭店的各个部位和部门，其分布的点有成百上千。这些设备都需要饭店工程管理部门进行监视、测量，管理起来有相当的难度。随着计算机技术和信息技术的发展，对于这些设备的控制，也从中央集中控制方法，转而向使用高处理能力的现场控制方式转化。中央机只是提供报表和应变处理，现场控制器用相关参数自动控制有关设备。用计算机管理系统全部代替操作人员或为操作人员提供技术补充和措施支持，这就是楼宇智能化控制。即楼宇智能化使饭店对于设备的控制由过去简单的机械控制器控制、常规仪表控制，转为一个崭新的阶段——计算机控制。

楼宇自动化系统通过软件，系统地管理相关的设备，发挥设备的整体优势和潜力，提高设备的利用率，优化设备的运行状态和时间（但不影响设备的工效）。从而延长设备的寿命周期，降低能源消耗，减少维护人员的劳动强度和工作时间，最终降低了运行成本。这就是楼宇智能化控制带来的最大功效。

1. 楼宇自动化系统的构成

饭店的 BAS 系统主要包括：空调自动化系统；变、配电自动化系统；给排水自动化系统；照明自动化系统；电梯自动化系统；通风自动化系统；发电机自动化系统。

1）管理的目的

控制、监视、测量是饭店设备管理的三大要素，BAS 系统可以使这些管理实现自动化，做到正确掌握建筑设备的运转状态，事故状态，能耗、负荷变动等的即时状态，这样可以大大节省人力和能源。一般情况下，饭店使用 BAS 系统可以节约能源 25%，维修人员可以减少 30%。

使用 BAS 系统节约能源的办法主要是提高能源的有效利用率，使机械达到最有效的运转，室内的温度等环境标准最有效地达到标准值，将照明的照度严格按照标准值进行控制，使设备的运转时间达到最小。

2）管理对象

BAS 系统的管理对象主要是电气设备、空调设备、给排水系统设备、通风系统和照明智能化系统。

（1）电气设备

电气设备主要是监控设备的机械运行状态、测量点和保护装置。管理的主要对象是各配电系统的断路器、变压器、接触器、电容器等；测量的主要对象是系统的电流、电压、有功功率、无功功率和功率因数等。其主要工作有以下方面。

① 高峰用电差价控制。

② 变压器出线电流、电压、功率监测。

③ 自动开关、串联开关的投切与故障报警。

④ 停电复电的自动控制。

⑤ 发电机参数监测及自动控制。

⑥ 主电源回路及漏电报警。

⑦ 用电量自动计量（可精确到房间）。

⑧ 控制峰值电力，按照设定的用电单位级别，在峰值用电时间，自动顺序切除用电设备。

（2）空调设备

空调设备主要是监控制冷机、空调机组、客房的盘管风机、室内的温度、CO_2 指标、水泵的运行状态等。同时，相应地要控制系统所需要的冷、热源的温度和流量，使之达到最合理量值。

（3）给排水系统设备

给排水系统设备主要是控制管网水的压力，以及对水质进行自动处理。同时，还要控制用水的卫生设备的出水量。其具体有以下内容。

① 水箱、蓄水池和饮用水水槽水位超高、超低报警。

② 补水控制。

③ 水泵运行状态和故障的集中监控，并提供声光报警和报警打印。

④ 地下污水池水位的自动控制。

⑤ 草坪自动浇灌系统的监控。

⑥ 公共饮水设备的过滤、杀菌设备的监控。

⑦ 饮用水水泵的监控。

⑧ 游泳池自动控水系统。

（4）通风系统

通风系统主要根据饭店内的不同作息规律，自动调整风机的启停。

① 按不同的时段及楼层性质自动时序控制新风机启停。

② 送、排风机状态监控和报警。

③ 火警发生时自动开、闭送、排风机。

（5）照明智能化系统

① 办公室照明自动化控制。

② 电梯口夜间警戒时由红外线人体侦测器联动照明，并自动启动录像装置。

③ 走廊照明的群控和智能控制，按照不同地方的光线情况，自动投入（熄灭）照明灯。

④ 楼层配电箱正常照明和事故照明定时开关。

⑤ 室外照明、喷泉彩灯、霓虹灯等的定时开关。

2. BAS 系统的常用设备

1）传感器

传感器是 BAS 系统中自控系统使用的主要设备，它直接与被测对象发生关系。传感器的作用是感受被测参数的变化，发出与之相适应的信号。传感器选择的标准是高准确性、高稳定性、高灵敏度。饭店 BAS 系统使用的传感器主要有温度传感器、压力传感器、流量传感器、湿度传感器、液位传感器等。

2）执行器

执行器的工作是接收控制器输出的控制信号，转换成直线位移或角位移，改变调节阀的流通截面积，以控制流入和流出的被控过程的物料或能量，实现过程参数的自动控制。饭店常用的执行器主要有风阀执行器，用于风道的控制；水管阀门执行器，用于空调系统中冷冻水和热水的流量、工况切换等。

3）现场控制器（DDC）

DDC 是用于监视和控制 BAS 系统中机电设备的，是完整的控制器，有相应的软、硬件，能独立完成调整运行，不受网络或其他控制器的影响。根据不同类型控制点的要求，每处 DDC 要有 10％～15％点数的扩充或余量。

（1）控制器的要求

① 可编程的 32 位或 16 位微处理器。

② 具有可脱离中央控制主机独立运行或联网运行能力。

③ 具有电源模块。

④ 具有通信模块。

⑤ 有在模板 LED 显示每个数字输入、输出点的实时变化状态。当外电断电时，DDC 的后备电池可保证 RAM 中数据在 60 天不丢失。

⑥ 当外电恢复供电时，DDC 可以自动恢复正常工作。

⑦ 当 DDC 存储的数据非正常丢失时，可通过现场标准串行数据接口和通过网络操作将数据重新写入。

⑧ 操作程序和应用程序都采用 PPCL 高级语言编写。

⑨ DDC 程序的编写和修改既可以在中央站上进行，也可以通过便携机进行。

⑩ 外电断电后，且电池丢失时，DDC 能储存应有的程序。

⑪ DDC 的工作环境温度为 0 ℃～50 ℃，相对湿度为 0～90％。电源：～220 V±10％、50 Hz。

（2）DDC 应具备的功能

① 定时启停，自适应启停。

② 自动幅度控制，需求量预测控制。

③ 事件自动控制，扫描程序控制，警报处理。

④ 趋势记录，全面通信能力。

4）中央监控站

BAS 的中央监控站系统由 PC 主机、彩色大屏幕显示器和打印机构成，是 BAS 系统的核心。中央监控站直接和以太网连接，整个饭店建筑内所受监控的机电设备都在这里进行集中管理和显示。内装的工作软件提供下拉式菜单、人机对话、动态显示图形，操作简单易学。操作者无须任何软件知识，即可通过鼠标和键盘操作管理整个控制系统。

系统以 Windows 为操作平台，采用标准的应用软件、集散控制系统、二级网络结构，使用全中文化、图形化的操作界面。提供现场图片、工艺流程图、实时曲线图、监控点表，绘制平面布置图，以形象、直观的动态图形方式显示设备的运行状况。绘制平面图或流程图并嵌以动态数据，显示图中各监控点状态，提供修改参数或发出操作指令。

在中央监控站可以通过对图形的操作对现场设备进行手动控制，通过选择操作可以进行运行方式的设定（如选择现场手动方式或自动方式），通过交换式菜单方便地修改工艺参数。

中央监控站对系统的操作权有严格的限制，以保证系统的操作安全。对操作人员以通行字的方式进行身份鉴别和管制，操作人员可以根据不同的身份设定从低到高的 5～10 个管理级别。

系统出现故障或现场设备出现故障，以及监控参数越限时，均产生报警信号。报警分为 4 个优先级别。报警可实施实时报警打印，也可以按时或随时打印。

建有历史文件数据库，对有研究和分析价值的数据进行保存。数据库使用通用标准关系型数据库软件包和硬盘，并有形成曲线图和打印的功能。

中央监控站可以提供系统运行状态、管理水平评估、运行参数、能耗等的日、周、月的汇总报告，为设备能源管理、运行管理提供依据。

中央监控站可以制定设备运行的时间表，作出按时间、区域、节假日的计划安排。

9.9.2 办公自动化系统（OAS）

1. OAS 的系统和设备构成

饭店的办公自动化系统主要是饭店采用综合布线形成自己的局域网系统平台，并且可以与广域网互联获得信息交流。其主要的构成包括综合布线系统、数字会议系统、计算机网络系统、卫星电视及共用天线系统、消费管理系统。

OAS 的设备主要包括信息处理设备、信息传输设备、信息储存设备、其他辅助设备等。

2. OAS 的组成模式

OAS 的组成模式有以下 3 种。

1）局域网系统模式

基础水平，用于基本的办公条件。该模式适用于只有少量的终端处理器的 OAS。

2）多用户系统模式

两级网络系统，饭店内部部门间组成虚拟网络平台，统一于饭店总的网络系统。

3）集成一体化模式

局域网与小型或中型机联网、局域网互联或局域网与广域网互联等系统集成模式。

使用 OAS 可以使饭店的办公管理完全处于系统控制的范畴之内，可以大大提高工作效率。OAS 管理的最大优点是使饭店的信息管理处于一种快速、有序的状态。对于饭店日常要处理的大量原始数据，使用数据库管理系统进行排序、检索、分类、统计等操作。同时，对于数据和信息的使用与传达做到完全网络化处理，真正做到"无纸化办公"。系统可以处理文字、图像、表格、数据、图形等。

饭店现在常用的数据库管理系统有：FoxPro、dBase、Access、Parados、SQL server、Oracle、Sybase、Informix、DB2 等

3. OAS 的主要功能

在 OAS 中，饭店可以通过建立自己的电子商务平台，为客人提供多方位的全面信息服务。同时，还可以大大降低饭店的服务成本。饭店的电子商务服务主要包括饭店宣传、网上预订、消费服务、VOD 服务等。饭店的电子商务平台与电视机连接，通过客房的电视机，客人可以浏览网页，接收 E-mail。使用饭店电子商务平台主要可以实现以下功能。

1）饭店宣传

饭店可以建立自己的网站，介绍饭店的具体情况，如设施介绍、服务指南、网上预订、对外推介等。

2）网上订房

① 方便客人随时随地获得订房信息。

② 客人可以及时了解饭店的各种信息（如饭店介绍、优惠活动等）。

③ 可以对客人入住记点消费，建立积点消费优惠系统。

④ 前台：客人资料登记和客人订房登记。

⑤ 后台：饭店资料登记、客房资料处理、系统维护。

饭店网上订房系统流程如图 2-9-11 所示。

3）消费服务

饭店的电子商务平台给客人提供了一种全新的服务设施，客人不用离开房间就能获得所需要的相应服务，具体包括订餐服务、洗衣申请、商务申请、发电子邮件、预订娱乐设施、查询消费情况。

4）娱乐服务

饭店的电子商务平台为客人提供了各种网上娱乐消遣，主要有客房集成化视频点播、浏览网页、网上游戏等。

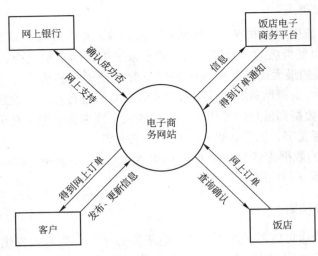

图 2 - 9 - 11　饭店网上订房系统流程图

9.9.3　通信自动化系统（CAS）

　　饭店的通信自动化系统应具有对建筑内、外各种不同信息进行收集、处理、存储、传输和检索的能力，能为用户提供包括语音、图像、数据乃至多媒体等信息的本地和远程传输的完备通信手段，以及最快和最有效的信息服务。

　　饭店的 CAS 主要包括语音通信、数据通信、图文通信和卫星通信系统

1. 语音通信系统

　　智能饭店最基本的语音通信是由程控交换机组成的电话通信。数字程控交换机不仅可以提供功能齐全的语音及相关的服务，具有很高的可靠性。而且可以交换数据等非话务业务，做到多种业务的综合交换和传输。

　　程控数字交换机（PABX）是完全由计算机控制的数字通信交换机，是集数字通信技术、计算机技术、微电子技术为一体的高度模块化设计的分散控制系统。PABX 的软、硬件都是模块化设计，通过使用不同的模块即可实现话音、数据、图像、窄宽带多媒体业务，以及包括移动通信业务在内的综合通信。

　　目前，全数字综合业务交换机使用新型共路信令方式，信令容量大，不仅大大提高了呼叫的速度，还为提供各种新的业务创造了可能。同时，程控数字交换机采用国际标准的数字网络通信接口，可以提供与其他通信网，如分组交换网、数字数据网、计算机局域网、卫星通信网、ISDN 网之间的连接及组网的能力，还可以提供宽带综合业务数据在交换系统中自动分配至各用户终端。

HOTEL

2. 语音信箱系统

使用计算机技术和语音处理技术，将系统中无人应答或占线的电话信号，经过频带压缩转换成数字信号，存入计算机存储器（语音信箱）。事后用户通过使用电话机对语音信箱进行操作，获得还原的、清晰逼真的语音信息。

3. 电话信息服务系统

电话信息服务系统是利用数据库技术，将各类社会信息通过电话，向用户提供语音形式的信息查询服务。

4. 传真信箱服务

将输入信箱的传真文件经过数字化处理存入计算机数据库中。用户可以使用普通的传真机随时直接索取信箱中的资料，或者使用电话机输入指定的传真机号，间接索取信箱中的文件。

5. 综合语音信息平台系统

由用户根据需求自主选择系统的配置、容量和模块，从而实现自动话务台转接、语音信箱、传真信箱、声讯信息、图文信息的自动发布和公共信箱服务等多种电信服务功能。系统将语音、图形和数字等不同形式的信息存入系统中，供用户通过电话机、传真机和计算机等终端得到多种信息服务。这是实现通信自动化和办公自动化的一种新型通信工具。

9.9.4 安全防范自动化系统（SAS）

饭店安全防范自动化系统主要包括消防报警系统、紧急广播系统、消防联动系统、火灾探测与报警系统、闭路电视监控系统、巡更保安管理系统、智能门禁系统、防盗报警系统、车辆出入管理系统。

1. 消防报警系统

① 楼层火警盘分层监控。
② 重点办公室、商场、餐厅、存车场直接与系统连线。
③ 模拟火警发生定期测试。
④ 自动灭火设备的各区域状态监视及故障报警。
⑤ 火警发生自动广播播音报警，自动拨 119 报警。
⑥ 火警发生时自动显示功能图形。

⑦ 火警发生自动检查消防泵、水喷淋泵、排烟机和防火门运行的情况。

2. 智能门禁系统

饭店的智能门禁管理系统主要包括客房门禁系统和办公门禁系统两大类。饭店门禁系统使用了数据库技术，将饭店的局域网络系统和小型机多用户系统结合，是目前饭店比较先进的体系结构。

1）客房门禁系统

客房门禁系统主要是客人使用智能门卡钥匙，获得相应的客房和饭店服务。客房门禁系统管理方便，其主要特点是一卡在手，消费自由，真正实现饭店消费一卡通。

① 智能卡钥匙使用时间预设，时间过后自动失效，无须担心客人拖欠房费。

② 客房保险箱钥匙与客房门钥匙通用，与门锁系统一起与饭店的中央控制室相连，遇到非法侵犯自动报警。

③ 客人退房时，前台显示保险箱门的状态，提醒客人防止遗漏物品。

④ 客人房卡可以作为消费付费凭证，在饭店任何营业网点消费。

饭店现在使用的门禁系统钥匙主要有 3 种：IC 卡钥匙，可读写 1 万次以上（约可使用 2 年）；TM 卡钥匙，可读写 15 万次以上（约可用 10 年以上）；射频卡钥匙，可读写 100 万次。

2）办公门禁系统

饭店的办公门禁系统使用非接触式 IC 卡，将饭店划分成几个不同的工作区域，员工按照等级和工作地域配置不同等级的 IC 卡。不同的区域设置身份鉴别设施，控制外来人员进入饭店的工作禁区。

同时，办公门禁系统还可以作为饭店员工考勤使用，也可以对饭店内部设备、设施的使用进行程序控制和管理，如复印机、传真机、长途电话等的使用管理；员工用餐的管理；停车位的管理等。同时，员工 IC 卡还可以印上员工的照片，作为身份电子工作证。

9.9.5　客房服务智能化系统

客房服务智能化系统也称"智能客房管理中心（IGC）"，它的使用遵循国际上饭店发展的"人性化服务"要求。系统使用类似局域网系统，将饭店的客房服务程序完全设置为智能管理。在前台和楼层安装有远程操作系统和客房状态显示系统，可及时掌握客房的即时状态。同时，客房内部的各种服务，通过面板集成在客人方便控制的位置（如床头板、床头墙上嵌入式面板甚至遥控器），提供菜单式的服务选择，真正做到家庭化、人性化服务。IGC 管理系统由智能门锁、智能卡、智能身份识别器、门磁开关、联网组件（网控器、转接器、网线）、智能保险箱、客房中心及前台计算机、智能客房管理软件等组成。其工作系统如图 2-9-12 所示。

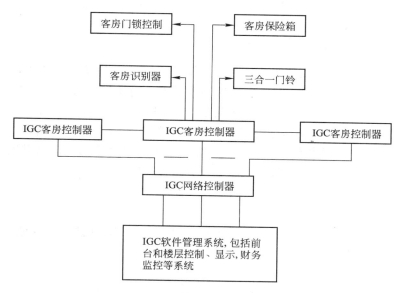

图 2-9-12　饭店 IGC 工作系统图

IGC 系统安装简单，改造方便。其主要服务功能有以下内容。

1. 充分保护客人隐私

客人入住饭店期间，私人空间可以得到充分保护。客人甚至看不到服务员，但却可以获得无微不至的关注。

① 真正的免打扰服务。客房门口安装客房客人识别器，服务员做客房前先按识别器，如客人在客房，可不打扰。

② 前台有客房远程控制装置，当客人办理入住手续时，前台服务员可以遥控操作客房系统，将客房的灯光、空调等打开，使客人进入房间即有进入家的感觉。

③ 客人退房时，前台可以查询保险箱的开关状态，同时提醒客人是否有遗留的物品。

④ 在客房和卫生间安装有报警按钮，客人一旦出现不舒服和意外，可以报警通知楼层服务员和前台。

2. 提升客房的安全性

① 客房门安装有门磁系统，当客人由于各种原因没能将门关上时，IGC 中心的显示屏会有显示。在客房的控制面板会有报警显示，同时，楼层服务员会到客房查看

处理。

②客房在出租状态，保险箱状态会在 IGC 控制中心显示，当状态异常，会及时提醒客人并查看。

3. 加强内部管理，杜绝管理漏洞

服务员进入客房有专用"服务员卡"，当服务人员进入客房时，在 IGC 控制中心屏幕有相应的显示。并且"服务员卡"按照不同的专业有不同的显示，主要有清洁人员、维修人员、检查人员和其他人员等，按照专业用不同的颜色显示注明。

因此，使用 IGC 系统可以随时了解服务人员的工作进度和工作情况，并自动打出服务员的工作绩效单。同时，使用 IGC 系统，饭店可以对客房的异常及时报警，还可以监管和杜绝内部人员的违规行为（如服务员私自开房等）。

4. 实现节能增效

饭店客房安装智能取电开关，自动识别有效房卡，对于非法房卡拒绝供电。

5. 提高工作效率

① IGC 系统可以处理各种需求，提供各种服务，节省大量的楼层巡查人员，并大大提高工作效率。

②系统本身可以自动生成各类房态及相应的报表，房态可以自动转换，节省了大量前台工作人员的工作量。

参 考 文 献

［1］ 梁华，陈震武，任炽明，等. 宾馆酒店工程设计手册. 北京：中国建筑工业出版社，1995.

［2］ 陈天来，周均悦. 现代饭店设备与运行管理. 大连：东北财经大学出版社，2002.

［3］ 陆诤岚. 饭店设备管理. 北京：旅游教育出版社，2008.

［4］ 宋国防，贾胡. 工程经济学. 天津：天津大学出版社，2000.

［5］ 陈一才. 建筑电工手册. 北京：中国建筑工业出版社，1994.

［6］ 陈耀宗. 建筑给排水设计手册. 北京：中国建筑工业出版社，1994.

［7］ 谭术魁. 房地产项目管理. 北京：机械工业出版社，2003.